豁眼鹅

籽鹅

四川白鹅

皖西白鹅

浙东白鹅

马冈鹅

莱茵鹅

狮头鹅

黑麦草

菊苣

反季节鹅舍

小群育雏

"十三五"国家重点图书出版规划项目
改革发展项目库2017年入库项目

"金土地"新农村书系·家禽编

# 肉鹅
## 高效健康养殖实用技术

陈国胜 梁 勇 / 主编

SPM 南方出版传媒
广东科技出版社 | 全国优秀出版社
·广 州·

**图书在版编目（CIP）数据**

肉鹅高效健康养殖实用技术 / 陈国胜，梁勇主编 . —广州：广东科技出版社，2018.7

（"金土地"新农村书系·家禽编）

ISBN 978-7-5359-6944-6

Ⅰ.①肉… Ⅱ.①陈…②梁 Ⅲ.①肉用型—鹅—饲养管理 Ⅳ.① S835

中国版本图书馆CIP数据核字（2018）第082237号

# 肉鹅高效健康养殖实用技术
Roue Gaoxiao Jiankang Yangzhi Shiyong Jishu

责任编辑：区燕宜
封面设计：柳国雄
责任校对：杨崚松
责任印制：彭海波
出版发行：广东科技出版社
　　　　　（广州市环市东路水荫路 11 号　邮政编码：510075）
http：//www.gdstp.com.cn
E-mail：gdkjyxb@gdstp.com.cn（营销）
E-mail：gdkjzbb@gdstp.com.cn（编务室）
经　　销：广东新华发行集团股份有限公司
排　　版：创溢文化
印　　刷：珠海市鹏腾宇印务有限公司
　　　　　（珠海市拱北桂花北路 205 号桂花工业区 1 栋首层　邮政编码：519020）
规　　格：889mm×1 194mm　1/32　印张5　插页2　字数125 千
版　　次：2018 年 7 月第 1 版
　　　　　2018 年 7 月第 1 次印刷
定　　价：23.80 元

# 《肉鹅高效健康养殖实用技术》
## 编辑委员会

主　编：陈国胜　梁　勇

副主编：杨冬辉　陈益填

编写人员：陈国胜　梁　勇　杨冬辉

　　　　　陈益填　姜庆林　刘延清

　　　　　邱晓莉　梁雅妍

编写单位：广东省家禽科学研究所

## 内容简介

　　本书内容包括概述，鹅的主要品种，鹅场的选址、布局及设计，鹅的生理特征和生活习性，鹅的育种技术与繁育体系，鹅的繁殖与孵化技术，鹅的营养与饲料，肉用仔鹅的饲养管理，种鹅的饲养管理，鹅肥肝及羽绒生产，鹅病防治，养鹅水体污染控制等。针对肉鹅养殖过程中常见的问题进行解答，力求通俗易懂，使读者通过对该书的学习或查阅能较快地掌握养鹅的基本技术和副产品的加工方法，并在面对棘手问题时能够较快地找到解决方案和方法。

我国的珠江三角洲、长江三角洲及四川省是传统的养鹅业发达地区。近几年来，鹅种质资源丰富的东北三省养鹅业也迅速崛起。据联合国粮食及农业组织（FAO）统计，2014年我国鹅存栏量2.75亿只，占世界鹅存栏总量的84.15%；2015年我国鹅存栏量接近2.82亿只。2013年我国肉鹅出栏量6.48亿只，占世界鹅出栏总量的94.23%；2014年出栏量接近6.16亿只；2015年出栏量达到了6.35亿只。我国是当之无愧的世界养鹅大国。

近年来，肉鹅及其副产品的市场需求量不断扩大，吃鹅的习惯由南向北扩散，各种加工产品市场需求不断增长。在肉类市场消费份额中，鹅肉已从10年前的1%上升到4%，目前仍呈上升趋势。我国是世界最主要的羽绒制品出口国，我国年产鹅羽绒3万吨，其中约有1万吨内销。无论是国内市场还是国际市场，鹅羽绒都很紧俏。鹅肥肝在欧洲市场一直供不应求，国内需求量也不断增长。我国也是世界肉鹅消费大国。

然而，落后的生产方式与我国世界养鹅大国的地位极不相称。目前我国养鹅业的主体是个体养殖户，他们大多数人的文化水平较低，在养鹅前没有经过系统培训，不懂得肉鹅的阶段性饲养管理。传统的肉鹅养殖方式缺乏系统理论的引导，饲养程序不规范，造成出栏商品肉鹅的体重品质参差不齐，影响后续的产品加工，质量无法保证，给无公害食品生产造成较大困难。养殖条件过于随意，无法满足养鹅生产的大环境条件，造成舍内的小环境条件恶劣，不仅严重影响鹅的生长和生产性能的发挥，还使鹅经常发病，引起高死亡率，造成较大经济损失。因此，需要有一部通俗易懂的指导性工具书，针对养殖户在生产中遇到的各种疑难杂症进行有效的指导。

《肉鹅高效健康养殖实用技术》是根据我国养鹅业现状和特点编写的一部实用性强并具有一定学术性的科技图书。该书针对肉鹅养殖过程中常见的问题进行解答，力求通俗易懂，使读者通过对该书的学习或查阅能较快地掌握养鹅的基本技术和副产品的加工方法，并在面对棘手问题时能够较快地找到解决方案和方法。本书不但适用于养鹅专业户，还适用于养鹅企业的技术人员和畜牧兽医工作人员，也可作为大中专院校师生的参考书。

扬州大学副校长、教授

国家现代农业水禽产业技术体系岗位科学家

陈国宏

2017 年 3 月 12 日

# 目 录

# 一、概　　述

## （一）养鹅的特点和优势

鹅全身是宝，综合利用价值很高，饲养简单，投入产出比高，饲养风险小，经济效益优于养鸡、鸭，是一条致富的好门路。养鹅是以草换肉，鹅吃百草，能利用大量青绿饲料和一些粗饲料。这是由鹅生理特点决定的，鹅的肌胃压力比鸭和鸡都大，依靠这种强烈运动和其中沙石研磨将食物磨碎，同时鹅的盲肠中含有较多的微生物，能使纤维素发酵分解成低级脂肪酸，能使纤维素易于溶解和吸收。鹅对青草中粗蛋白的吸收率达76%。养鹅饲料来源广、价格便宜、成本低。鹅适应性好、抗病力强，对鹅舍环境条件要求不高，不需要太好的房舍，除雏鹅舍外，冬季舍内温度只要保持0℃以上就可以。鹅的疾病很少，对养禽威胁较大的传染性疾病，按自然感染发病率种类，鹅比鸡少1/3。一般从初生到宰杀上市为一个生产周期，在草食畜禽中，一般牛是18个月，肉羊是5~6个月，肉兔是3~3.5个月，鹅生产周期最短，为2~3个月，目前我国大部分肉鹅鹅种生产周期为70~80天。鹅合群性好、便于管理。鹅性情温顺，不乱跑乱跳，便于放牧和庭院管理，不一定占用健壮劳动力，老、弱、妇均可饲养。

## （二）我国养鹅业生产现状

我国是世界上生产和消费鹅产品最多的国家，2014年出栏量6.16亿只，2015年出栏量达6.35亿只，年市场产值超过1千亿元。多年来，我国在养鹅数量、鹅肉产量、羽绒及其制品数量方面一直为世界第一。尤其是近20年来，我国养鹅业飞速发展，正在向集约化、规模化、产业化的方向发展。我国也是世界上鹅品种资源最丰富的国家，北方白鹅主要用于生产盐水鹅产品、风鹅产品及产蛋用；南方灰鹅主要是用于生产烧鹅产品的黄鬃鹅、乌鬃鹅和马冈鹅，生产卤水鹅产品的狮头鹅。

广东灰鹅以马冈鹅为代表，具有肉质好、长速快、抗病力强、耐粗饲的特点，仅广东每年消费量近 7 000 万只，主要消费区为粤东的潮汕、粤西阳江、粤北清远和以广州为中心的珠江三角洲地区和港澳。近年来，随着肉鹅养殖的规模化发展，推动了种鹅的规模化生产。

## （三）我国鹅品种培育情况

养鹅业的蓬勃发展，对优良品种的选育和推广提出了更高要求，推动了鹅遗传育种工作的研究发展。近年来，在鹅的品种选育方面，四川农业大学培育了天府肉鹅配套系，扬州大学选育了扬州鹅，吉林农业大学培育了肉用和羽绒用鹅新品系，上海市农业科学院广泛引进了国内外优秀鹅种素材如四川白鹅、莱茵鹅等进行新品系培育，取得了阶段性成果，成功培育了配套系用于生产。我国山东、安徽、吉林、广东等地，也积极开展鹅地方品种的选育工作。如广东阳江智特奇鹅业有限公司近几年来广泛收集了广东、广西的多种地方鹅品种资源，开展适合广东消费市场的灰羽鹅配套系的选育与推广。我国台湾则对从丹麦引进的白罗曼鹅和中国鹅进行选育，提高其繁殖性能和产肉能力，肉鹅饲养的规模化程度也相当高。纵观国内各家育种单位，主要目标是选育出适合鹅业产业化生产的专门化父母本品系进行商品杂交鹅的生产。

## （四）我国鹅病防治现状

近年来，鹅的疫病防治技术也取得了一定进步。继对小鹅瘟的深入研究后，四川农业大学的程安春教授发现了雏鹅新型病毒性肠炎病并进行了较系统的研究，研制了预防该病的疫苗和高免血清。扬州大学王永坤教授等则发现了鹅的副黏病毒病并进行了较多研究，目前已经有疫苗和高免血清用于生产。另外，对鹅的禽出血性败血症、鹅大肠杆菌性腹膜炎、鹅流行性感冒、鹅的鸭瘟病等传染病的防治方法也不断完善。对鹅的寄生虫病研制了许多广谱高效预防和治疗药物，有力地保障了鹅规模化生产的顺利发展。

## （五）我国鹅肥肝生产情况

鹅肥肝生产方面，我国鹅肥肝生产从试验研究到试产出口，已有 30 年历史。其间，一些大专院校和科研院所对影响鹅肥肝生产的各种因素进行了一系列试验研究，探索出了一套较为成熟、适合我国国情的鹅肥肝生产方法，研制出了几种较好的鹅、鸭肥肝填饲机，并创造出一套适宜中国鹅种的填饲工艺。北京、河北、吉林、浙江、湖南、江苏、山东、云南等地生产出合格的鹅肥肝，并有少量出口，向法国、日本、中国香港等地试销。但我国鹅肥肝的产量和质量与国外先进水平相比还有较大差距，这与我国作为世界第一养鹅大国的地位极不相称。究其原因主要是我国尚没有用于鹅肥肝生产的专用品种（品系）、鹅肥肝深加工工艺技术及市场经济建设落后带来的产、加、销脱节所致。不过，随着中国经济的快速发展和人民生活水平的不断提高，国内鹅肥肝消费市场已有初步的培育并有扩大的趋势，国际鹅肥肝需求缺口也在增大，我国巨大的鹅肥肝生产乃至消费潜力将会得到有效挖掘。近年来我国又出现了鹅肥肝生产的良好势头，继山东和浙江开展鹅肥肝大规模生产之后，广西、河北、吉林、辽宁、四川、江苏、河南、山西等地都先后建立了鹅肥肝生产企业，组织生产、屠宰、销售，产品主要销往我国南方和日本。

# （六）我国羽绒生产情况

我国是世界上最大的羽绒生产及出口国，羽绒及其制品出口量占世界贸易量的 1/3 左右。20 世纪 80 年代后期，我国科技工作者研究和推广了鹅鸭活拔羽绒生产技术，大大提高了羽绒的产量和质量。我国鹅羽绒生产和加工较发达的地区集中在上海、浙江、广东和"中原白鹅带"上。近年来，我国引进了欧洲的纯白羽鹅种莱茵鹅，其良好的产羽性能得到羽绒生产者的一致认同，该鹅种的引进和推广，对我国羽绒生产产生了积极的推动作用。

# （七）我国鹅产业发展状况

规模化养鹅业的兴起，催生了许多鹅产品加工开发企业，包括鹅肉生产、鹅肥肝生产、羽绒生产、品种培育、鹅的饲养等方面的联合企业。这些企业广泛分布在江苏、浙江、上海、广西、广东、吉林、辽宁、黑龙江、安徽、河北等地，有力地带动了当地养鹅业的规模化发展。有了龙头企业一头连农户，一头连市场，我国的养鹅业正向规模化、产业化的效益型和外向型方向迅速发展。养鹅业还被作为调整农业生产结构的产业来抓，与种植业有机结合，大大提高了单位土地面积的产出，增加了农民的收入。据测算，1 亩（亩为已废除单位，1 亩≈666.67 米²）地种草养鹅的经济收入是种粮食作物的 5~8 倍。总之，我国养鹅业近年来出现了可喜的局面。养鹅业在相关技术创新的推动下，实现了种植业和养殖业的有机结合，实现了产品的深度开发，养鹅业正迅速向高效化、规模化、产业化和外向型方向发展。

# （八）国外鹅业发展状况

国外养鹅规模虽然不大，但科技水平很高，他们以培育专门化品系组成良种繁育体系进行生产。以匈牙利为代表的东欧是世界养鹅业最发达的地区之一，其培育的专门化品系主要有肥肝专用品系、肉用仔鹅专用品系和烤鹅专用品系。在饲养管理工艺上，许多国家养鹅生产广泛采用厚垫料平养、网养或笼养等先进方式。国外养鹅商品化程度很高，特别注意鹅产品的商业开发。欧洲各国养鹅的目的包括生产肉、羽绒、肥肝及其他副产品；作为伴侣动物、观赏动物和果园等的除草动物。鹅肉在西方属高档食品，主要产品是烤鹅，针对西方的感恩节、圣诞节等的消费。另外是分割肉生产，也是用于节日的家庭聚会或接待尊贵的客人所用。肥肝生产中取肝后的鹅肉和产蛋结束的淘汰鹅用于烤鹅、分割肉和鹅肉香肠、罐头等深加工产品的制作。目前，大部分鹅肉生产国已经从整胴体销售方式转为胴体分割销售，并把多余的脂肪用于香料制造业，羽绒则用于发展纺织业高档产品。以匈牙利为例，标准的肉鹅在 16~23 周被宰杀，之前经过 2~3 次手工拔毛，生产的羽绒作为高档的纺织工业原料，开发出羽绒服、羽绒寝具等畅销产品。在鹅肥肝生产上，法国、匈牙利和以色列是世界三大鹅肥肝生产国。其中法国在鹅肥肝加工工艺上处于垄断地位，既是世界鹅肥肝生产大国，又是鹅肥肝深加工和消费大国。但由于自然资源、劳动力成本及动物保护主义的限制，这些国家的鹅肥肝生产能力已经接近极限。

# 二、鹅的主要品种

# （一）鹅 的 起 源

我国鹅品种资源十分丰富，列入《中国家禽品种志》的品种就达 12 种之多。按品种来源可分为中国鹅和伊犁鹅。伊犁鹅的祖先是灰雁（*Anseranser*），而中国鹅的祖先是鸿雁（*Ansercygnoides*），占我国鹅品种的绝大多数，分布遍及全国。中国鹅具有头部生额疱，颈细长呈弓形，前躯抬起与地面保持明显的角度等特点。由于我国地域辽阔，环境条件不一，且各地区选择的目标不同，逐渐形成了具有本品种特征的许多地方品种。

# （二）鹅品种分类

不同的生态环境和一定的社会经济条件形成了鹅的品种类型，并根据生产发展方向和品种的利用目的，从不同角度对鹅的品种进行了分类。目前一般从地理特征、经济用途、体型、产蛋性能、羽毛颜色等方面对鹅进行分类。

## 1. 按经济用途分类

人们根据对鹅产品的需要，选育了一些优秀的专用品种。可分为肥肝生产专用品种，如法国的朗德鹅、图鲁兹鹅，匈牙利的玛加尔鹅，意大利的奥拉斯白鹅等；肉用型品种，如我国的狮头鹅，德国的莱茵鹅等；优质型品种，如我国的浙东白鹅在当地特定优良环境条件下，根据人们喜食"白斩鹅"的习惯，经不断选育，形成了肉质细嫩鲜美的独特性状；高产蛋型品种，如我国的豁眼鹅、太湖鹅等；羽用型品种，如皖西白鹅等。

## 2. 按体型大小分类

根据体重把鹅品种分为小型、中型和大型 3 类。小型品种鹅的公鹅体重为 3.7~5 千克，母鹅 3.1~4 千克，产蛋量比较高，但生长速度比较慢；大型品种鹅的公鹅体重为 10~12 千克，母鹅 6~10 千克，生长速度快，体重大，但产蛋量低；中型鹅的公鹅体重为 5.1~6.5 千克，母鹅 4.4~5.5 千克，生产性能介于小型与大型鹅种之间。

## 3. 繁殖季节差异分类

鹅在一年只有 8~9 个月的产蛋期，其余时间则处于休产期。在我国，广东鹅与北方鹅品种的繁殖季节基本相反，广东鹅在每年的 6 月下旬开产，到次年 4 月上旬休产；北方鹅为每年 1 月开产，8 月基本休产。这是因为广东鹅和北方鹅对光照要求不同，从而造成繁殖季节性差异。当光照时间由长变短有利于广东鹅的繁殖，而光照由短变长则有利于北方鹅的繁殖，故认为广东鹅是"短光照品种"，北方鹅是"长光照品种"。

# （三）我国地方品种鹅的特点

我国地方鹅种按经济用途分，大多属肉用型。小型品种有山东豁眼鹅（又称五龙鹅）、江浙的太湖鹅、东北的籽鹅及广东的乌鬃鹅和黄鬃鹅，其中豁眼鹅、太湖鹅、籽鹅具有产蛋性能高的特点，但籽鹅的产蛋量易受纬度的影响；广东的乌鬃鹅和黄鬃鹅为我国较典型的灰羽品种，对南方高温、高湿的环境有良好的适应性，其良好的肉质和出肉率，以及灰羽的外观特征，为广东、广西及港澳地区消费者喜爱。

中型品种有四川白鹅、皖西白鹅、浙东白鹅、雁鹅及马冈鹅等，其中四川白鹅、浙东白鹅适应性好，可以作为肉鹅或肥肝生产配套系的母本；雁鹅和马冈鹅为灰鹅，具有早期生长快、体型中等、适应性强、肉用性能好等特点；皖西白鹅，具有产高品质羽绒的特点，可以选育成以羽绒用为主、肉用为辅的兼用型品种。

大型品种有广东的狮头鹅。该品种是我国地方鹅品种中唯一的一个大型品种，可被利用直接选育出肥肝专用品系，或作为培育肥肝专用品系的重要育种素材。

### 1. 豁眼鹅的品种特点

豁眼鹅又称为烟台五龙鹅，原产于山东莱阳，是小型蛋用型品种。羽毛白色，眼呈三角形，眼睑处有明显的豁口。该品种生长速度较慢，90 日龄公鹅体重为 2.2 千克，母鹅为 1.8 千克，但产蛋量较高，平均年产蛋量达 125 个，最多可达 200 个。

### 2. 太湖鹅的品种特点

太湖鹅原产于沿太湖的江苏、浙江两省，小型蛋用型品种。羽毛白色，体型较小，颈长，公鹅肉瘤突出。太湖鹅主要用于生产仔肉鹅，70 天即可上市，平均体重 2.5~2.8 千克。该品种开产时间比较早，160 天即可见蛋，年平均产蛋约 60 个，高产鹅可达 120 个。太湖鹅全身羽毛洁白，羽绒弹性好，为肉羽兼用型品种。

### 3. 籽鹅的品种特点

籽鹅原产于东北松辽平原，广泛分布在黑龙江、吉林、辽宁等地，属小型蛋用型品种。白羽，以产蛋多而著名，是世界上少有的高产蛋型鹅种。实际上籽鹅是由豁眼鹅中的高产个体培育而成的一个地方良种，该品种成年公鹅体重 4~4.5 千克，母鹅 3~3.5 千克。

母鹅 180 日龄开产，年产蛋 100~180 枚，蛋重 131 克，蛋壳白色。但高产性能受纬度影响较大。

### 4. 乌鬃鹅的品种特点

乌鬃鹅原产于广东清远，目前在广东饲养量比较大。该品种全身羽色以灰色为主，颈部两侧的羽毛为灰白色。乌鬃鹅早期生长速度较快，在放牧条件下，8 周龄上市体重可达 2.5~3 千克；在舍饲条件下，8 周龄上市体重可达 3~3.5 千克。乌鬃鹅的生活能力比较强，特别适应于华南高温、高湿地区放牧饲养；在舍饲时也有良好的育肥性能。乌鬃鹅皮薄骨细，肉鲜嫩多汁，出肉率高。乌鬃鹅产蛋比较早，一般在 140 日龄开产，平均年产蛋量为 30 枚，平均蛋重为 145 克，蛋壳白色。

### 5. 四川白鹅的品种特点

四川白鹅原产于四川，目前在全国很多省市都有饲养。全身羽毛洁白，公鹅肉瘤比较明显。增重速度比较快，90 天体重为 3.5 千克，成年公鹅体重可达 5 千克，母鹅 4.9 千克。该品种基本上不会抱窝，220 天即可产蛋，产蛋量在中型鹅中最高，年平均产蛋量为 60~80 个，最多的可达 110 个，蛋重大约为 150 克，蛋壳白色。四川白鹅适应性很好，全国各地引种后生产性能基本保持稳定。四川白鹅可以作为肉鹅或肥肝生产配套系的母本，也可用于改良一些品种的繁殖性能。

### 6. 皖西白鹅的特点

皖西白鹅原产于安徽，该品种最大特点是羽毛洁白，羽绒质量好，公鹅肉瘤大而突出。60 天体重可达 3.3 千克，90 天达 4.5 千克，成年公鹅体重为 6 千克，母鹅为 5.5 千克。一般母鹅年产两期蛋，平均年产蛋 25 个，平均蛋重为 142.2 克，蛋壳是白色。

## 7. 浙东白鹅的品种特点

浙东白鹅主产于浙江东部的奉化、象山一带，全身羽毛白色。该鹅生长快、肉质好、耐粗饲，颇受饲养户欢迎。成年公鹅体重 5~5.8 千克，母鹅 4.2~5.2 千克。70 日龄体重 3.2~4 千克。母鹅在 150 天左右开产，一般每年有 4 个产蛋期，年产蛋量 40~50 个，平均蛋重 149.6 克，蛋壳白色。浙东白鹅的公鹅表现较强的交配和授精能力。

## 8. 雁鹅的品种特点

雁鹅原产于安徽六安地区，后来雁鹅逐渐向东南迁移，安徽和江苏的丘陵地区一度成了新的雁鹅饲养中心。雁鹅属中型肉用型品种。雁鹅羽毛呈灰色，颈的背侧有一条明显的灰褐色羽带，是中国灰色鹅品种的典型代表。成年公鹅体重 5.5~6 千克，母鹅 4.7~5.2 千克。雁鹅早期生长速度较快，70 日龄上市的肉用仔鹅体重 3.5~4 千克。公鹅 150 日龄达性成熟。母鹅一般在 210~240 天产蛋，年产蛋 25~35 个，平均蛋重 150 克，蛋壳白色。该品种繁殖有明显的季节性，母鹅是 1 个月下蛋、1 个月孵仔、1 个月复壮，一个季节一个循环，故又把雁鹅称为"四季鹅"。

## 9. 马冈鹅的品种特点

马冈鹅原产于广东开平马冈镇，属于中型品种。具有乌头、乌喙、乌颈、乌背及乌脚等特点，皮肤为白色，肉瘤为黑色并十分突出。增重速度比较快，放牧条件下 90 天体重可达 3.75 千克，在较好的饲养条件下（如舍饲）90 天体重可达 5 千克，成年公鹅体重为 5.5 千克，母鹅 4.8 千克。该品种产蛋时间比较早，120~150 天即可开产，第 1 年平均产蛋量为 31 个，第 2 年至第 5 年为盛产期，平均年产蛋量为 38 个，蛋重大约为 150 克，最大的可达 190 克，蛋壳白色。

### 10. 狮头鹅的品种特点

狮头鹅原产于广东饶平县，目前在全国 20 多个省、市、自治区均有分布，是我国地方鹅品种中唯一的一个大型品种。狮头鹅的羽毛为棕褐色，体型大，呈方形，头大颈粗。在放牧为主的饲养条件下，70~90 日龄平均体重为 5.84 千克。狮头鹅 170 天达到开产日龄，产蛋季节在每年 9 月至翌年 4 月，母鹅在此期内有 3~4 个产蛋期，每期可产蛋 6~10 个。第 1 个产蛋年度平均产蛋量为 24 个，2 岁以上母鹅，平均年产蛋量为 28 个，平均蛋重为 217.2 克，蛋壳乳白色。在改善饲料条件及不让母鹅孵蛋的情况下，个体平均产蛋量可达 35~40 个。母鹅可使用 5~6 年，盛产期在 2~4 岁。

## （四）我国引进的国外鹅品种特点

国外鹅品种数量较少，除埃及鹅属小型品种外，大部分品种具有体型较大、早期生长发育迅速的特点，但繁殖能力较差。近 20 年来，我国也从国外引进了一些鹅品种，主要有朗德鹅和莱茵鹅，朗德鹅引进以后主要用于生产肥肝，莱茵鹅引进后主要作为培育新品种的一个素材。

### 1. 朗德鹅的品种特点

朗德鹅原产于法国，是世界著名的肥肝专用品种。仔鹅 8 周平均体重为 4.5 千克，经填肥后体重可达 10~11 千克，肥肝平均重可达 700 克。成年公鹅体重在 7~8 千克，母鹅为 6~7 千克。该品种大约 180 天产蛋，不过母鹅有比较强的抱性，年产蛋量为 35~40 个，蛋重在 180~200 克。朗德鹅具有非常好的肥肝生产性能，但产蛋量低，可用我国繁殖性能较高的鹅种，与其进行杂交配合试验，以充分发挥朗德鹅的肥肝生产价值。

## 2. 莱茵鹅的品种特点

莱茵鹅原产于德国，是欧洲产蛋量最高的鹅品种。年产蛋量为 50~60 个，蛋重为 150~190 克。仔鹅 8 周龄体重为 4.2~4.3 千克，成年公鹅体重 5~6 千克，母鹅 4.5~5 千克。莱茵鹅集许多优点于一身，可直接用于肉鹅生产，也可作为肉鹅生产的父本，改良其他鹅种的肉用性能，还可用作肥肝生产的母本。

# 三、鹅场的选址、
# 布局及设计

# （一）鹅场的选址

## 1. 气候条件

应选择气候常年温暖、夏季无高温、冬季无严寒的地区建设鹅场，尽量避免自然灾害（如台风、洪水等）对生产造成的伤害。

## 2. 水源

鹅场附近应有清洁的水源，以沟、河、湖等流动活水为最佳。如果没有自然水源，可建造人工水池，能经常更换、引进和排出即可。水源应便于卫生防护，不受周围环境的污染，取水方便，水量要充足。

## 3. 地形和土质

鹅场适宜选在地势高燥、采光充足、排水良好的区域。场址要远离沼泽地区，因为潮湿会影响鹅的体温调节及鹅舍的使用寿命，导致有害气体排出困难及寄生虫的滋生。鹅场要求背风向阳，保证采光及场区小气候相对稳定，减少冬春风雪的侵袭。鹅场地面应开阔平坦，有一定的坡度，以便排水。鹅舍的用地应根据饲养数量或生产计划而定，在不影响饲养密度的情况下应尽量缩小。陆上运动场应留有发展余地，鹅场朝向要求南偏东一些。要充分利用自然地形、地物，例如树木、河川等可作为场界的天然屏障。场内土质以渗水性好、透气性强的沙壤土为好。

## 4. 草源

鹅是食草水禽，觅食性强，耐粗饲，能采食并消化大量的青草。据此，鹅场应建在草源丰富的地方，以便于放牧，节省精料，降低生产成本。

### 5. 地理位置

肉鹅场宜选择在城镇近郊，种鹅场应远离城镇和交通枢纽，距电源的位置要近，便于孵化器、饲料加工及照明用电。

## （二）规模化鹅场布局原则

鹅场布局应遵循以下原则：便于管理，有利于提高工作效率；便于搞好防疫卫生工作；充分考虑饲养作业流程的合理性；节约基建投资。

## （三）鹅场应具备的外部条件

### 1. 鹅场环境

鹅场空气环境质量、舍区生态环境、无害化处理及排污设施应符合规定。鹅场应设有病鹅、污水及废弃物无公害处理设施。场区实行雨污分流，对场区自然降水采用有组织的排水；对场区污水应采用暗管排放，集中处理。

### 2. 道路

场区道路要求在各种气候条件下都能保证通车，防止扬尘。应分别有人员行走和运送饲料的清洁道、供运输粪污和病死鹅的污物道及供产品装车外运的专用通道。清洁道也作为场区的主干道，宜用水泥混凝土路面，也可用平整石块或石条路面，宽度为3.5~6

米。污物道路面可同清洁道，也可用碎石或砾石路面、石灰渣土路面，宽度一般为 2~3.5 米。场内道路一般与建筑物长轴平行或垂直布置，清洁道与污物道不宜交叉。道路与建筑物外墙最小距离，当无出入口时以 1.5 米为宜，有出入口时以 3 米为宜。

### 3. 地面

鹅舍内地面标高应高于舍外地面标高 0.2~0.4 米，并与场区道路标高相协调。场区道路设计标高应略高于场外路面标高。场区地面标高除应防止场地被淹外，还应与场外标高相协调。场区地形复杂或坡度较大时，应作台阶式布置，每个台阶高度应能满足行车坡度要求。

### 4. 绿化场区

绿化率不低于 30%。树木与建筑物外墙、围墙、道路边缘及排水明沟边缘的距离应不小于 1 米。

## （四）鹅场水源应遵循的原则

鹅是水禽，理应在有稳定、可靠水源的地方建场。这其中还有两层意思：一是鹅的饮水和饲料调制等生产用水，如果条件许可，可以选择城镇集中式供水系统作为水源，否则就必须寻找理想的饮水水源；另一层意思是鹅的放牧、洗浴和交配都离不开水，所以建场时应尽量利用自然水域资源，通常宜建在河流、沟渠、水塘和湖泊边上。但大、中型鹅场如果利用天然水域进行放牧可能会对放牧水域产生污染，必须从公共卫生的角度考虑对水环境的整体影响，修建人工放牧水池并进行水量水质的管理控制不失为好的办法。鹅场选择水源必须根据以下原则。

## 1. 水量充足

水源的水量能满足场内人员生活用水、鹅饮用和饲养管理用水及消防和灌溉需要，并考虑到防火和未来发展的需要。畜禽场的用水量受多种因素的影响，由于条件差异较大，我国并未作统一标准。一般认为工作人员生活用水可按每人每天 24~40 升计算，鹅 1 天的用水量为 1.25 升 / 只（包括鹅饮水，冲洗鹅舍、鹅栏，调制饲料等用水，雏鹅、幼鹅的用水量可按成年鹅的 50% 计算）。消防用水按我国防火规范规定，场区设地下式消火栓，每处保护半径不大于 50 米，消防水量按每秒 10 升计算，消防延迟时间按 2 小时考虑。灌溉用水则应根据场区绿化、饲料种植情况而定。特别应注意的是，在枯水期时该水源的水量也能够满足要求。

## 2. 水质良好

对鹅饮用和饲料调制水来说，若水源的水质不经处理就能符合饮用水标准最为理想。但除了以集中式供水（如当地城镇自来水）作为水源外，一般就地选择的水源很难达到规定的标准，因此还必须经过净化消毒达到《家禽饮用水水质标准》后才能使用。

## 3. 便于防护

水源周围的环境卫生条件应较好，以保证水源水质经常处于良好状态。以地面水作水源时，取水点应设在工矿企业和城镇的上游。

## 4. 取用方便，设备投资少

鹅场就地自行选用的水源一般有三大类。

（1）地面水。地面水一般包括江、河、湖、塘及水库等所容纳的水。这些水主要由降水或地下泉水汇集而成，其水质和水量极易受自然因素的影响，也易受工业废水和生活污水的污染，常常由此而引起疾病流行或慢性中毒。地面水一般来源广、水量足，又因为它本身有较好的自净能力，所以仍然是较广泛使用的水源。但应注意，流动之水比静止之水自净能力强，水量大的比水量小的自净能力强。因此，在条件许可的情况下，应尽量选择水量大的、流动的地面水作为水源。供饮用的地面水一般需要经人工净化和消毒处理。

（2）地下水。地下水是降水和地面水经过地层的渗滤作用贮积而成。因为在渗透过程中大部分杂质被滤除，又因它属于封闭性水源，受污染的机会比较少，故较为洁净。深层地下水几乎不存在有机污染的可能，水量水质都比较稳定，因此是较好的水源。但是在渗滤过程中受地层地质化学成分影响，地下水一般含有某些矿物性成分，硬度较地面水大，有时也会含有某些矿物性毒物。在选用地下水时，应切实注意到这些问题。

（3）降水。以雨、雪等形式降落到地面而成，是天然蒸馏水。当其在大气中凝集和降落时，吸收了空气中各种杂质和可溶性气体，因而也受到污染，且空气污染越严重，降水的污染也越严重。降水收集不易、贮存困难、水量难以保证，故除干旱地区外，一般不宜作鹅场的水源。

# （五）育雏舍建筑要求

鹅舍内育雏用的有效面积（即净面积）以每栋鹅舍可容纳500~600只鹅为宜。舍内分隔成几个圈栏，每一圈栏面积为10~12米$^2$，可容纳3周龄以内的雏鹅100只，故每栋鹅舍的有效面积为50~60米$^2$。鹅舍地面用沙土或干净的黏土铺平，并夯实，舍内地面应比舍外地面高20~30厘米，以保持舍内干燥。育雏舍应有一定的采光面积，窗户面积与舍内面积之比为 1∶（10~15），窗户下檐与地面的距离为 1~1.2 米，鹅舍檐高 1.8~2 米。育雏舍前是雏鹅的运动场，亦是晴天无风时的喂料场，场地应平坦且向外倾斜。由于雏鹅长到一定程度后，舍外活动时间逐渐增加，且早春季节常有阴雨，舍外场地易遭破坏，所以尤其应当注意场地的建筑和保养。总的原则是场地必须平整，略有坡度，一有坑洼，即应填平，夯实，雨过即干。否则雨天积水，鹅群践踏后泥泞不堪，易引起雏鹅的跌伤、踩伤。运动场宽度为 3.5~6 米，长度与鹅舍长度等齐。运动场外紧接水浴池，便于鹅群浴水。池底不宜太深，且应有一定的坡度，便于雏鹅浴水后站立休息。

# （六）育雏舍的保温设备

育雏保温设备主要分为加温育雏设备和自温育雏设备两类。

## 1. 加温育雏设备

这类设备按供温方式不同，分为电热伞、电热线、红外线灯、烟道、煤炉、火炕、暖气管、热水管等。这类设备的优点是：可用于较大规模的育雏，不受季节限制，劳动强度较低。缺点是育雏费用较高。

（1）电热伞。用铁皮或纤维板制成伞状，伞内四壁安装电热丝。

（2）红外线灯。灯泡规格为 250 瓦。使用时成组连在一起悬挂于离地面 45 厘米高处，随日龄增长而提高，灯下设护围。

（3）烟道。有地下烟道（即地龙）和地上烟道（即火龙）两种。由炉灶、烟道和烟囱 3 部分组成。地上烟道有利于发散热量，地下烟道可保持地面平坦，便于管理。烟道要建在育雏室内，一头砌有炉灶，用煤或柴作燃料；另一头砌有烟囱，烟囱高出屋顶 1 米以上，通过烟道把炉灶和烟囱连接起来，把炉温导入烟道内。建造烟道的材料最好用土坯，有利于保温吸热。

（4）煤炉。多用铁煤炉，要防止雏鹅煤气中毒。

## 2. 自温育雏设备

这是我国农村群众常用的育雏方法，就是利用塑料薄膜、箩筐或芦席围子作挡风保温设备，依靠鹅自身的热量相互取暖，通过覆盖物的开合来进行调温。设备简单，成本低，但技术要求高。

（1）草窝。用稻草编织而成，一般口径 60 厘米，高 35 厘米左右，每窝养初生雏 15~20 只。草窝可以另外做盖，也可以用麻袋覆盖。草窝既保温，又通气（空气可以缓慢地流通），是理想的自温育雏用具。

（2）箩筐。分两层套筐和单层竹筐两种。两层套筐。用竹篾编织而成，由筐盖、小筐和大筐拼合为套筐。筐盖直径 60 厘米，高 20 厘米，用作保温和喂料用。大筐直径 50~55 厘米，高 40~43 厘米；小筐的直径略小于大筐，高 18~20 厘米，套在大筐之上半部。两筐底均铺垫草，筐壁四周用棉絮等保温材料，每层可养初生雏鹅 10 只左右。单层竹筐。筐底及四周用垫草等保温材料，上面覆盖筐盖或其他保温材料。

（3）栈条。长 15~20 米，高 60~70 厘米，用竹编成，供围鹅用。栈条一般在春末夏初至秋分这段时间，作鹅自温育雏用具。

# （七）育肥舍建筑要求

以放牧为主的肥育鹅可不必专设育肥舍，且由于育肥期气候已趋温暖，因此，可利用普通旧房舍或用竹木搭成能遮风雨的简易棚舍即可。这种棚舍应朝向东南，前高后低，为敞棚单披式，前檐高约 1.8 米，后檐 0.3~0.4 米，宽度 4~5 米，长度根据所养鹅群大小而定。用毛竹立柱做横梁，上盖石棉瓦或水泥瓦。后檐砌砖或打泥墙，墙与后檐齐，以避北风。前檐应有高 0.5~0.6 米的砖墙，4~5 米留一个宽为 1.2 米的缺口，便于鹅群进出。鹅舍两侧可砌死，也可仅砌与前檐一样高的砖墙。这种简易育肥舍也应有舍外场地，且与水面相连，便于鹅群入舍休息前活动及嬉水。为了安全，鹅舍周围可以架设旧渔网，尽量选择网眼较小的渔网，以防止鹅勒颈致死。鹅舍也应干燥、平整，便于打扫。这种鹅舍也可用来饲养后备鹅。育肥舍设单列式或双列式棚架。鹅舍长轴为东西走向，长度、高度以人在其间便于管理及打扫为度；南面可采用半敞式即砌有半墙，也可不砌墙用全敞式。舍内成单列或双列式用竹围成棚栏，栏高 0.6 米，竹间距为 5~6 厘米，以利鹅伸出头来采食饮水。竹围南北两面分设水槽和食槽，水槽高 15 厘米，宽 20 厘米；食槽高 25 厘米，上宽 30 厘米，下宽 25 厘米。双列式围栏应在两列间留出通道，食槽则在通道两边。围栏内应隔成小栏，每栏 10~15 米$^2$，可容育肥鹅 70~90 只。这种棚舍可用竹棚架高，离地 70 厘米，棚底竹片之间有 3 厘米宽的孔隙，便于漏粪。也可不用棚架，鹅群直接养在地面上，但需每天打扫，常更换垫草，并保持舍内干燥。

# （八）种鹅舍的建筑要求

完整的鹅舍应包括产蛋休息室（鹅舍）、陆上运动场和水上运动场 3 个部分组成。建造鹅舍以经济实用为原则，要求防寒隔热性能优良，光线充足。种鹅舍以饲养 200~300 只种鹅为限，不宜过大。舍檐高度 1.8~2 米。南面为窗户，窗户面积与舍内地面面积之比为 1：（10~15）。舍内地面为砖地或水泥地，以保证无鼠害或其他小型野生动物偷蛋或惊扰鹅群；舍内地面比舍外高 15~20 厘米，以保证干燥；舍内一角设产蛋间，产蛋间用 60 厘米高的竹围围成，地面铺上厚的柔软稻草。竹围上应有 2~3 个门，供母鹅进出下蛋之用。舍外应有运动场，运动场长度与鹅舍等长，宽度为鹅舍宽度的 1~2.5 倍。运动场应连接水面。陆上运动场及水面运动场应有竹篱围上，竹篱高 1~1.2 米。鹅舍周围应植树，高大的树荫可使鹅群免受酷暑侵扰，保证鹅群正常生活和生产。如无树荫或虽有树荫但不大，可在水陆运动场交界处搭建凉棚。

水面运动场的面积要根据种鹅数量而定，一般每只鹅应有 1~1.5 米$^2$ 的水面运动场，水深 1 米左右。水面过大，鹅群分散，体力消耗大，配种机会少，受精率降低；水面过小，鹅群过于集中，公鹅会相互争配，同样受精率降低。

# （九）肉鹅舍的建筑要求

肉鹅生长快，体质健壮，抵抗力强，饲养比较粗放，所以建造肉鹅舍只要上能遮雨，东西北三面可以挡风，就达到基本要求。寒冷地区也要注意防寒。一般都利用各种旧民房改作肉鹅舍。40 日龄后可以半露宿饲养，气温转暖后，搭个凉棚就可饲养了。

仔鹅上市前要集中肥育一段时间，以增加肥度。肥育舍要求环境安静，舍内光线暗淡，通风良好。肥育舍一般分平养肥育舍和高床肥育舍两种。

（1）平养肥育舍。舍檐高 1.8~2 米，地面大多采用夯实的泥土，将水槽设在排水沟上，以便使溢出的水能流入沟中，沟上铺铅丝网或木条。舍内分成若干小间，每间面积为 12 米$^2$，约可容纳 50 只肉鹅。

（2）高床肥育舍。房舍建筑结构同平养肥育舍。舍内设棚架，根据排列分单列式或双列式，在气候温和地区，四面用竹竿围成栏

棚，高 64 厘米，每根竹竿间距 5.6~6 厘米，以利鹅伸出头来采食
和饮水。双列式可在南北设饮水槽，两旁各设饲料槽，鹅舍中间为
通道。饮水槽宽 20 厘米，高 12 厘米，饲料槽上宽 20~25 厘米，底
宽 15~20 厘米，肥育棚架应离地 60~70 厘米，底部用竹片，片与片
间留空 2.5~3 厘米，以便漏粪。如用于鹅肥肝填饲，则棚架应设在
房舍四周，每棚长 2.5 米，宽 1.5 米，可容纳填肥鹅 10~15 只。房
舍中间设填肥机器，作填饲用。

# 四、鹅的生理特征和生活习性

# （一）鹅的外貌特征

鹅为大型水禽，由灰雁和鸿雁驯化而来，因此体型与雁相似。鹅的全身按解剖部位，分为头部、躯干部、翼部和后肢部。

头部包括颅和面两部分。颅部位于眼眶背侧，分头前区、头顶区和头后区；面部位于眼眶下方及前方，分上喙区、下喙区、鼻区、眼下区、颊区和垂皮区。有的品种垂皮区皮肤松弛，形成咽袋。大多数中国鹅种在喙基部头顶上方长有肉瘤，肉瘤随年龄增长而长高，一般老鹅的肉瘤比青年鹅大，公鹅的肉瘤比母鹅大。喙扁而宽，前端窄后端宽，形成楔形，喙的相对宽度不如鸭子。肉瘤和喙的颜色基本一致，有橘黄色和黑灰色两种。

颈部分颈背区、颈侧区和颈腹区，各占 1/3。中国鹅的颈细长弯成弓形，欧洲鹅的颈粗短。小型鹅颈细长是高产特征；大型鹅颈粗短，易肥育，适于生产肥肝。

躯干部分为背区、腹区和左右两胁区。躯干部的大小形态与肉用性能关系较大，一般大中型鹅体躯稍长、骨架大、肉质粗，小型鹅体躯小、骨骼细、结构紧凑、肉质细嫩。有的品种母鹅的腹部皮肤有皱褶，俗称"蛋窝"，腹部逐步下垂，是母鹅临产的特征。

翼部分肩区、臂区、前臂区和掌指区。臂区和前臂区之间有一薄而宽的三角形皮肤褶即前翼膜。由长而窄的后翼膜连接前臂区和掌指区的后缘。鹅不能飞翔（个别品种除外），但急行时两翼张开，有助于行走。

后肢部分股区、小腿区、跗区和趾区。各趾之间长着特殊的皮肤褶，称为蹼，鹅游泳时靠蹼划动前进。

羽毛有白色和灰色两种，按其形状结构可分为真羽、绒羽和发羽，从商品角度可分为翅梗毛、毛片和绒毛。实际上，真羽包括翅梗毛和毛片。绒羽即是绒毛。发羽形似头发，数量很少，在生产上没有意义。鹅的雌雄羽毛很相似，不像鸡那样具有明显的形状和色彩的区别，也不像公鸭那样具有典型的性羽，单靠羽毛形状或颜色很难识别雌雄。

# （二）鹅的消化系统结构

鹅的消化系统包括消化道和消化腺两部分。消化道由喙、口咽、食道（包括食道膨大部）、胃（腺胃和肌胃）、小肠、大肠和泄殖腔组成，消化腺包括肝脏和胰腺等。

喙分为上喙和下喙，上喙长于下喙，质地坚硬，扁而长，呈凿子状，便于采食草。喙边缘呈锯齿状，上下喙的锯齿相互嵌合，有滤水保食的作用。鹅的口腔器官比较简单，没有齿、唇和颊，有活动性不大的舌，帮助采食和吞咽。口咽黏膜下有丰富的唾液腺，腺体小而多，分泌黏液，有导管开口于口咽的黏膜面。鹅的食道较宽大，是一条富有弹性的长管，起于口咽腔，与气管并行，略偏于颈的右侧，在胸前与腺胃相连。

鹅无嗉囊，在食道后段形成纺锤形的食道膨大部，功能与嗉囊相似。鹅的胃由腺胃（前胃）和肌胃（砂囊）两部分组成。腺胃纺锤形，胃壁上有许多乳头，乳头虽比鸡的小，但数量较大，腺胃分泌的胃液通过乳头排到腺胃腔中。肌胃扁圆形，胃壁由厚而坚实的肌肉构成，两块特别厚的叫侧肌，位于背侧和腹侧；两块较薄的叫中间肌，位于前部和后部。肌胃内有1层坚韧的黄色角质膜保护胃壁。鹅肌胃的收缩力很强，是鸡的3倍、鸭的2倍，适于对青饲料的磨碎。

鹅的小肠长度相当于体长的8倍左右。小肠粗细均匀，肠系膜宽大，并分布大量的血管形成网状。小肠又可分为十二指肠、空肠和回肠。十二指肠开始于肌胃，在右侧腹壁形成一长袢，由一降支和一升支组成，胰腺夹在其中。十二指肠有胆管和胰管的开口，并常以此为界向后延伸为空肠。空肠较长，形成5~8圈长袢，由肠系膜悬挂于腹腔顶壁，空肠中部有一盲突状卵黄囊憩室，是卵黄囊柄的遗迹。回肠短而直，仅指系膜与两盲肠相系的一段。小肠的肠壁由黏膜、肌膜和浆膜3层构成，黏膜内有很多肠膜，分泌含有消化酶的肠液，肌壁的肌层由2层平滑肌构成，而浆膜则是1层结缔组织。大肠由1对盲肠和1条短而直的直肠构成，鹅没有结肠。盲肠呈盲管状，盲端游离，长约25厘米，比鸡鸭的都长，它具有一定消化粗纤维的作用。

# （三）鹅消化道的特点

## 1. 胃前消化

鹅的胃前消化比较简单，食物入口后不经咀嚼，被唾液稍微润湿，即借舌的帮助而迅速吞咽。鹅的唾液中含有少量淀粉酶，有分解淀粉的作用。但由于在胃前的消化道中酶活力很低，其消化作用很有限，主要还是起食物通道和暂存的作用。

## 2. 胃后消化

（1）腺胃消化。鹅腺胃分泌的消化液（即胃液）含有盐酸和胃蛋白酶，不含淀粉酶、脂肪酶和纤维素酶。腺胃中蛋白酶能对食糜起初步的消化作用，但因腺胃体积小，食糜在其中停留时间短，胃液的消化作用主要在肌胃而不是在腺胃。

（2）肌胃消化。鹅肌胃很大，肌胃率（肌胃重除以体重的百分率）约为5%，高于鸡（1.65%），而鹅肌胃容积与体重的比例仅是鸡的一半，表明鹅肌胃肌肉紧密厚实。同时肌胃内有许多沙砾，在肌胃强有力的收缩下，可以磨碎粗硬的饲料。在机械消化的同时，来自腺胃的胃液借助肌胃的运动得以与食糜充分混合，胃液中盐酸和蛋白酶协同作用，把蛋白质初步分解为蛋白胨、蛋白胨及少量的肽和氨基酸。鹅肌胃对水和无机盐有少量的吸收作用。

（3）小肠消化。鹅与其他畜禽相似，小肠消化主要靠胰液、胆汁和肠液的化学性消化作用，在空肠段的消化最为重要。胰液和肠液含有多种消化酶，能使食糜中蛋白质、糖类（淀粉和糖原）、脂肪逐步分解最终成为氨基酸、单糖、脂肪酸等。而肝脏分泌的胆汁则主要促进对脂肪及水溶性维生素的消化吸收。此外，小肠运动也对消化吸收有一定的辅助作用。小肠中经过消化的养分绝大部分在小肠吸收，鹅对养分的吸收都是经血液循环进入组织中被利用的。

（4）大肠消化。大肠由盲肠和直肠构成，盲肠是纤维素的消化场所，除食糜中带来的消化酶对盲肠消化起一定作用外，盲肠消化主要是依靠栖居在盲肠的微生物的发酵作用。盲肠中有大量细菌，1 克盲肠内容物细菌数有 10 亿个左右，最主要的是严格厌氧的革兰氏阴性杆菌。这些细菌能将粗纤维发酵，最终产生挥发性脂肪酸、氨、胺类和乳酸。同时，盲肠内细菌还能合成维生素 B 族和维生素 K。盲肠能吸收部分营养物质，特别是对挥发性脂肪酸的吸收有较大实际意义。直肠很短，食糜停留时间也很短，消化作用不大，主要是吸收一部分水分和盐类，形成粪便，排入泄殖腔，与尿液混合排出体外。

## （四）鹅的采食特性

青饲料是鹅主要的营养来源，甚至完全依赖青饲料也能生存。鹅之所以能单靠吃草而活，主要是依靠肌胃强有力的机械消化、小肠对非粗纤维成分的化学性消化及盲肠对粗纤维的微生物消化等三者协同作用的结果。与鸡鸭相比，虽然鹅的盲肠微生物能更好地消化利用粗纤维，但由于盲肠内食糜量很少，而盲肠又处于消化道的后端，很多食糜并不经过盲肠。因此，粗纤维的营养意义不如想象中的那样重要。许多研究表明，只有当饲料品质十分低劣时，盲肠对粗纤维的消化才有较重要的意义。事实上鹅是依赖频频采食，采食量大而获得大量养分的。

因此，在制订鹅饲料配方和饲养规程时，可采取降低饲料质量（营养浓度），增加饲喂次数和饲喂数量，来适应鹅的消化特点，提高经济效益。

# （五）鹅的生活习性

鹅的生活习性具有喜水性、合群性、食草性、耐寒性、就巢性、警觉性、夜间产蛋性及生活规律性等特点。了解鹅的生活习性对鹅场的选址与布局，鹅群的饲养管理十分关键。

## 1. 喜水性

鹅每天约有 1/3 的时间在水中生活，如嬉戏、觅食和求偶交配等，只有在产蛋、采食、休息和睡眠时才回到陆地。因此，水域宽阔、水源清洁是养鹅的重要环境条件之一。

## 2. 合群性

鹅具有很强的合群性，行走时队列整齐，觅食时在一定范围内扩散。鹅离群独处时会高声鸣叫，一旦得到同伴的应和，孤鹅会循声归群。若发现个别鹅离群久不归队，其发病的可能性很大，应及早做好防治工作。

### 3. 食草性

鹅觅食活动性强，饲料以植物性为主，能大量觅食天然饲草，一般无毒、无特殊气味的野草和水生植物等都可供鹅采食。每羽成年鹅每天可采食青草 2 千克。雏鹅从 1 日龄起就能吃草，因此，要尽量放牧，若舍饲，要种植优质牧草喂鹅，保证青绿饲料供应充足。据此，鹅场应建在草源丰富的地方，以便利放牧，节省精料，降低生产成本。如在果园中建造鹅场，让鹅在果园里放牧，除草施肥，这是农牧结合的好形式。但是，雏鹅对异物和食物无法辨别，常常把异物当成饲料吞食，因此对育雏期管理要求较高，垫料不宜过碎。

### 4. 耐寒性

成年鹅耐寒性很强，在冬季仍能下水游泳，露天过夜。鹅的皮下脂肪较厚，而且在梳理羽毛时，常用喙压迫尾脂腺，挤出分泌物，涂在羽毛上面，使羽毛不被水所浸湿，形成了防水御寒的特征。一般鹅在 0 ℃左右低温下，仍能在水中活动；在 10℃左右的气温下，仍可保持较高的产蛋率。

### 5. 就巢性

大多数鹅种具有就巢性，在 1 个繁殖周期内，每产 1 窝蛋（约8~12 个），就要停产抱窝，直至小鹅孵出。集约化生产中，由于采用人工孵化，就巢性已成为不利于提高生产效率的负面因素。降低鹅的就巢持续时间，减少就巢频率已经成为种鹅生产的重要环节。

### 6. 警觉性

鹅的听觉很灵敏，警觉性很强，遇到陌生人或其他动物时就会高声鸣叫以示警告，有的鹅甚至用喙啄击或用翅扑击。育雏室内可用公鹅作警戒，以防猫、狗和老鼠等动物进入舍内骚扰。

### 7. 夜间产蛋性

母鹅通常在夜间产蛋。夜间鹅不会在产蛋窝内休息，仅在产蛋前半小时左右才进入产蛋窝，产蛋后稍歇片刻离去，有一定的恋蛋性。多数窝被占用时，有些鹅会推迟产蛋时间，这样就影响了鹅的正常产蛋，因此鹅舍内窝位要足，垫草要勤换。

### 8. 生活规律性

鹅具有良好的条件反射能力，活动节奏表现出极强的规律性。如在放牧饲养时，放牧、交配、采食、洗羽、歇息和产蛋都有比较固定的时间，而且每羽鹅的这种生活节奏一经形成便不易改变，如原来的产蛋窝被移动后，鹅会拒绝产蛋或随地产蛋，因此，饲养管理程序不要轻易改变。

## （六）鹅各阶段生长发育特点

种用鹅的生长发育一般分为雏鹅、育成鹅、后备鹅、种鹅4个阶段。对于肉用仔鹅来说，仅有雏鹅、中鹅、育肥仔鹅3个阶段。各阶段仔鹅的生长发育及饲养管理均具有不同的特点和要求。

### 1. 雏鹅的生长发育特点

雏鹅是指出壳后到4周龄内的鹅。这个阶段的鹅具有生长发育极快、体温调节能力差、消化道容积小、消化能力弱、公母鹅生长速度差异大及抗病力差等特点。因此，饲养管理中需提供营养水平高、易消化吸收的全价饲料，保证洁净的饮水，采用人工保温，饲养密度要适中，如有条件，尽量采取公母鹅分开饲养。

## 2. 育成鹅的生长发育特点

育成鹅是指 4 周龄起到选入种用或转入育肥为止的鹅，一般来说是指 4 周龄以上至 70 日龄左右的鹅。这个阶段的特点是，消化容积增大，消化能力、适应能力和抗病力显著增强，能较好利用青绿饲料。这个阶段也是骨骼、肌肉和羽毛生长最快的阶段，因此逐渐地延长放牧时间，加强锻炼，培育出适应性强，耐粗饲，增重快的鹅群是这一阶段饲养管理的重点。70 日龄后的肉仔鹅已具一定的膘，经 15 天育肥可进一步提高皮下脂肪厚度，改善肉质，提高屠宰率，符合上市要求。

## 3. 后备鹅的生长发育特点

后备鹅是指 70 日龄后到产蛋或配种之前准备做种用的仔鹅。该阶段为配种或产蛋做准备。依据后备鹅生长发育的特点，通常又将整个后备期分为前期、中期、后期 3 个阶段，分别采取不同的饲养管理措施。70~90 日龄为前期，主要是加强对新并鹅群进行调教，同时维持育成鹅阶段时饲喂方法 30 天，保证生长发育和第 1 次换羽完成；90~150 日龄为中期，以公母鹅分开饲养为重点，进行限制饲养，提高鹅群整齐度，防止性早熟；150 日龄至开产约 1 个月时间为后期，也称为产蛋准备期，该阶段重要工作是进行防疫接种，坚持放牧，并逐渐由定时补饲精料向自由采食过渡，保证种鹅第 2 次换羽完成，适时开产。

## 4. 种鹅的生长发育特点

种鹅是指母鹅开始产蛋，公鹅开始配种，用以繁殖后代的鹅。种鹅的特点是生长发育基本完成，对各种饲料的消化能力已很强，完成了第2次换羽，生殖器官发育成熟并开始繁殖。该阶段依据产蛋情况可分为产蛋期和休产期。产蛋期饲养以舍饲为主、放牧为辅，为产蛋鹅提供10~25℃的适宜温度，12~14小时的适宜光照，加强舍内通风换气，提供充足的饮水，加强防疫，减少应激。休产期的种鹅饲养改为放牧为主的粗饲期，同时进行分阶段限饲，保证公母种鹅适时换羽，为下一个产蛋期的正常生产做准备。

## （七）肉鹅的生产特点

鹅是一种经济价值很高的食草水禽，在畜牧养殖中，养鹅具有短、平、快的特点，其生产特点如下。

一是投入少，产出多。养鹅以放牧为主，养鹅的基本建设与设备所需较少，在鹅的整个生产周期内除育雏期间需要一些房舍与保暖设施外，脱温后开始放牧的仔鹅及成鹅一般随水草而居，露宿在外；产蛋期的种鹅舍也可因陋就简，能避雨挡风，有产蛋的地方即可。而所得鹅产品则较多，且产值较高，如鹅肉、羽绒、鹅肥肝等。

二是生长快，饲料报酬高，经济效益高。养鹅可以充分利用当地的青绿饲料资源降低养鹅的生产成本。1只中型肉仔鹅饲养70~90天，体重可达3.5~4千克，在放牧条件下，料肉比为（1~1.5）∶1。同样的投入，鹅的产出要比鸡多2~3倍，比鸭多1~1.5倍，比猪高3倍多，因此，养鹅经济效益比较可观。

三是全身都是宝，其经济价值高。鹅肉营养丰富，肉嫩味美，脂肪含量低，不饱和脂肪酸含量高，对人体健康十分有利；鹅绒保暖性能强，是加工羽绒制品的优质填充料；鹅肥肝营养丰富，鲜嫩味美，被认为是上等的营养品之一；鹅裘皮是更新换代产品的佼佼者，在我国首先问世，倍受国内外客商的青睐；鹅翅、鹅蹼、鹅舌、鹅肠、鹅肫等是餐桌上的美味佳肴；鹅油、鹅胆、鹅血是食品工业、医药工业的主要原料，鹅胆汁能清热、止咳、消痔疮。

四是耐粗饲，适应性强，饲料来源广泛，易饲养。鹅对青绿饲料中的营养成分能够有效利用，饲料资源丰富，可以充分利用田间地头幼嫩的野生杂草、某些树叶（如槐树、榆树叶等），种植优质牧草（紫花苜蓿、黑麦草、聚合草等），降低养鹅生产成本。鹅的耐寒力和抗病力远胜于鸡、鸭、猪。

## （八）雏鹅阶段的温度要求

一般温度适宜，雏鹅表现分布均匀，呼吸平和，安静无声，不扎堆，吃饱后不久就安静睡眠。温度过高时，雏鹅向四周散开，叫声高而短，张口呼吸，两翅开张，绒毛松乱，频频饮水。如温度低时，雏鹅叫声细频而尖，绒毛直立，躯体卷缩，相互挤压，严重时发生堆积，易压伤甚至死亡。雏鹅适宜的温度，1日龄至5日龄为27~28℃，6日龄至10日龄为25~26℃，11日龄至15日龄为22~24℃，16日龄至21日龄为20~22℃。早春育雏，温度可高些，健雏温度稍低些，晚上温度比白天高1~2℃。夏天日夜要打开所有的门窗通风，有条件的可安装电风扇。

## （九）种鹅的人工换羽

在自然条件下，母鹅从开始脱羽到新羽长齐需较长的时间，换羽有早有迟，其后的产蛋也有先有后。为了缩短换羽的时间，换羽后产蛋比较整齐，可采用人工强制换羽。人工强制换羽是通过改变种鹅的饲养管理条件，促使其换羽。

休产期种鹅应以放牧为主，日粮由精改粗，促其消耗体内脂肪，促使羽毛干枯和脱落。饲喂次数逐渐减少到每天 1 次或隔天 1 次，然后改为 3~4 天喂 1 次，但不能断水。鹅体重大幅度下降，当主翼羽和主尾羽出现干枯现象时，可恢复正常喂料。待体重逐渐回升，放养 1 个月后，即可进行人工强制换羽。第 12~13 天试拔主翼羽和副主翼羽，如果试拔不费劲，羽根干枯，可逐根拔除，否则应隔 3~5 天后再拔 1 次，最后拔掉主尾羽。拔羽以后，立即喂给青饲料，并慢慢增喂精料，加强饲养管理，促使恢复体质，提早产蛋。

拔羽多在温暖晴天的黄昏进行，切忌在寒冷的雨天操作。对拔羽后的鹅要加强饲养管理，拔羽后，当天鹅群应圈养在运动场内喂料、喂水，不能让鹅群下水，防止细菌污染，引起毛孔发炎。5~7 天后可以恢复放牧。拔羽以后，立即喂给青饲料，并慢慢增喂精料，促使恢复体质，提早产蛋。拔羽后一段时间内因其适应性较差，应防止雨淋和烈日暴晒。

进行人工强制换羽的种鹅群应实行公母鹅分群饲养，以免公鹅骚扰母鹅和减弱公鹅的精力，待换羽完成时再合并饲养。

# 五、鹅的育种技术与繁育体系

# （一）种鹅的选择方法

## 1. 根据体型外貌和生理特征选择

体型外貌和生理特征能够反映出种鹅的生长发育和健康状况，可以作为判断种鹅生产性能的基本条件，这种选择方法适于提供商品鹅的种鹅繁殖场。因为，这种繁殖场（户）没有个体生产性能记录，只能依靠鹅群的体型外貌和生理特征进行选优淘劣。

## 2. 根据记录资料选择

虽然鹅的体型外貌能在很大程度上反映出它的品质优劣，但还不能准确地评价种鹅潜在的生产性能和种用品质。所以，种鹅场（户）应作好生产记录，根据记录资料进行有效的选择。其办法是：将留作种鹅的鹅只分别编号登记，逐只记录开产日龄、开产体重、成年体重，第1个产蛋年的产蛋数、平均蛋重，第2年的产蛋数、平均蛋重，种蛋受精率、孵化率，有无抱窝性等。根据资料，将适时开产、产蛋多、持续期长、平均蛋重合格、无抱窝性、健壮的优秀个体留作种鹅，将开产过早或过晚、产蛋少、蛋重过大或过小、抱窝性强和体质弱的个体及时淘汰。

# （二）种鹅选择原则

优良品种是养鹅业高产、高效的基础。因此，选择鹅的品种很关键，在选择饲养品种时，应兼顾以下几点。

### 1. 产蛋、产肉和产绒性能良好

大型鹅种生长速度快、产肉率高，但其繁殖性能太低，作为种鹅饲养很不划算。因此，在选择品种时，既要考虑其生长速度，又要考虑其产蛋量，有时还要考虑其出绒率。通常生长速度快的鹅产蛋量不高，很难找到一个鹅种生长快、产蛋量高，毛绒也好。四川白鹅作为一个肉鹅配套系，肉蛋兼顾，适于商品生产。皖西白鹅生长快，虽产蛋量少，但毛绒极佳，且能活拔鹅毛，所以也是许多地方首选的鹅品种。

### 2. 生长力强、成活率高，适于当地饲养

选定的引进品种要适应当地的气候及环境条件。每个品种都是在特定环境条件下形成的，对原产地有特殊的适应能力。当被引到新的地区后，如果新地区的环境条件与原产地差异过大时，引种就不易成功。所以选择品种时既要考虑引进品种的生产性能，又要考虑当地条件与原产地条件不能差异太大。

### 3. 产品要对路，效益要显著

鹅的主要产品是鹅肉，其次是羽绒和一些副产物。在我国，养鹅的主要目的是用来产肉，仅少数品种兼顾羽绒或肥肝。由于鹅肉消费群习惯的差异，形成了两大具有不同消费需求的市场，一个是广东、广西、云南、江西和我国港澳地区及东南亚地区，消费者对灰羽、黑头、黑脚的鹅有偏好，饲养的品种主要以灰鹅品种为主；另一个是我国绝大部分省市、自治区消费市场，主要为白羽鹅种，在获得鹅肉的同时获得羽绒。近年来由于效益较高，能够活拔鹅毛的皖西白鹅越养越多，成为产销对路的品种。此外，不少地方广泛使用品种间杂交或白羽肉鹅配套系，利用杂种优势来提高生产性能。

# （三）种鹅各阶段选择要求

种鹅选择可分 4 个阶段进行，包括雏鹅选择、后备鹅选择、种鹅选择、产蛋期选择。各阶段均有不同的要求。

## 1. 雏鹅选择

应该从 2~3 年的母鹅所产种蛋孵化的雏鹅中，选择适时出壳，体质健壮，绒毛光洁且长短稀密度适度，体重大小均匀，腹部柔软无钉脐，绒毛、喙、胫的颜色都符合品种特征的健雏作种雏。还要注意，不同孵化季节孵出的雏鹅，对它的生产性能影响较大。早春孵出的雏鹅，生长发育快，体质健壮，活动力强，开产早，生产性能好；春末夏初孵出的雏鹅较差。

## 2. 后备鹅选择

在 70 日龄左右，把生长快、羽毛符合品种标准和体质好的留作后备种鹅。

## 3. 种鹅选择

在 130 日龄至开产前进行公鹅选择。公鹅要求体型大、体质好、各部分器官发育匀称，肥瘦适度，头中等大，有雄相，眼睛灵活有神，喙长而钝、紧合有力，颈粗长（肝用鹅颈要短粗），胸深而宽，背宽而长，腹部平整，腿较长且粗壮有力，两腿间距宽，鸣声洪亮，前躯较浅窄，后躯深而宽，臀部宽广，腿结实，距离宽；母鹅选择要求产蛋多、持续期长、产蛋大，体型大、适时开产的留作种鹅，此法多在第一产后进行。

# （四）种鹅配种

种鹅能否产生优良的后代不仅仅取决于种鹅本身的品质和遗传性能，也取决于正确的配种方式。种鹅的配种方式分为自然配种和人工辅助配种两种。

## 1. 自然配种

是指在母鹅群中放入一定数量的公鹅，让其自由交配。自然配种可分为以下几种形式。

（1）个体单配。将公母鹅分别养于个体栏内，配种时选1只公鹅与1只母鹅配对，并定时轮换。这种方法有利于克服种鹅固定配偶的习性，可以提高公鹅的配种比例和母鹅的受精率。

（2）小群配种。将1只公鹅与几只母鹅组成一个饲养小群进行配种。这种方法多在育种场中采用。

（3）大群配种。即在一大群母鹅中按公母配种的合理比例放入一定数量的公鹅进行配种。这种方法多在农村的种鹅群或繁殖场采用。

## 2. 人工辅助配种

当公鹅体型较大而母鹅体型较小、自然交配有一定困难时，需要人工辅助，使其顺利完成交配活动。在利用大型鹅种作父本进行杂交改良时，常常需要采取这种配种方法，以提高母鹅的受精率。实施人工辅助配种时操作人员应先把公母鹅放在一起，让它们彼此熟悉并进行配种训练，待其建立起交配的条件反射后，将母鹅按压在地，使其腹部触地，头朝向操作人员，尾部朝外，公鹅就会主动前来爬跨。操作人员也可以蹲在母鹅左侧，双手抓其两腿保定，让公鹅爬跨到母鹅背上，用喙啄住母鹅头顶的羽毛，尾部向前下方紧压，母鹅尾部向上翘。当公鹅双翅张开外展时，阴茎就会插入母鹅阴道并射精。公鹅射精后立即离开，此时操作人员应迅速将母鹅的泄殖腔扭转朝上，并在周围轻轻压一下，促使精液往母鹅的阴道里流。人工辅助配种能有效地提高种蛋的受精率。

公母鹅的配种比例是否恰当直接影响种蛋的受精率。鹅的配种比例因种鹅的品种、年龄、配种方法、配种季节、公母鹅合群的时间长短及饲养管理等诸多因素的不同而有所差异。生产实践中，公母鹅的配种比例必须根据种蛋受精率的高低进行调整。一般小型鹅种的公母比例是 1：(7~6)，中型鹅种的公母比例是 1：(5~4)，大型鹅种的公母比例为 1：(4~3)。青年公鹅和老年公鹅参与配种时母鹅的数量应适当减少，而体质强壮的适龄公鹅参与配种时母鹅的数量可适当增加。

繁殖季节到来之前，适当提早合群对提高种蛋的受精率是有利的，合群初期公鹅的数量可适当提高些。在良好的饲养管理条件下，尤其是放牧时公鹅的数量可适当减少；水源条件好，春、夏、秋季节可多配；水源条件差，秋、冬季节则适当少配。

# （五）建立鹅良种繁育体系

鉴于鹅的繁殖性能和产肉性能呈负相关的情况，在同一鹅种中就不可能把这两种主要的生产性能完美地结合在一起。唯一的办法是选择合适的杂交组合，充分利用杂种优势来投入肉鹅的商品生产。在选择杂交组合时，对父系特别重视其生长性能，因为生长性能的遗传力强，所以对父系来说，成年体重和屠体性状的选择显得特别重要，同时还要注意精液品质和受精率等综合指标好、遗传性强的才能作为父系；对于母系则着重根据产蛋量、种蛋的品质和产蛋的持续性及遗传的稳定性来进行选择。要求母系成熟早、无就巢性、产蛋量高。通过对父系和母系的分别选育，培育出一些具有突出优点、遗传性强的专门化品系（纯系），然后通过不同品系间的杂交配合力测定，筛选出杂交优势表现得最突出的优秀组合，组成杂交配套系来投入商品生产。

最初肉鹅以二系配套为主。母系体型较小耗料较少，而产蛋率和受精率均比较高，作为母系经济效益较好；而父系的活重大、长势快，用于和母系杂交配套，其后代生长速度快、活动力强、耐粗饲。近些年来，肉鹅良种繁育体系广泛借鉴了鸡的良种繁育体系模式，已经采用了先进的四系配套。他们通过杂交配合力测定，选出最优秀的 A、B、C、D 4 个系，分别进行两两杂交，随后两个杂交系间再进行杂交所组成的配套系。因为有 4 个品系参与，其遗传基础更为广泛，能把 4 个亲本的优良性状综合起来，生产出杂交优势强的商品代，投入肉鹅生产，从而保证了商品鹅的高生产效益。

肉鹅生产的四系配套，虽有很大的杂交优势，但参与品系越多，势必增加纯系培育、纯繁保种和杂交制种的投资。随着现代家禽育种技术的进展，我国肉鹅生产企业正和大学或科研院所合作，从引进的鹅种和我国现有的肉鹅品种中选育建立新品系，筛选出适于我国生产实际的二系配套或三系配套，从而真正建立本国肉鹅生产专用的良种繁育体系，为广大的肉鹅生产者服务。

# 六、鹅的繁殖与孵化技术

# （一）雏鹅选留

将春孵鹅留为种用，性成熟时间为 6~7 个月，种鹅刚好在 9 月初 220~240 日龄时开产。此时留种，正值气温适宜，青饲料丰富，为雏鹅的培育提供了良好的环境条件，有利于雏鹅的生长发育，生产成本较低。春孵鹅本身及其后代的产肉、产蛋等生产性能均表现较好。为保证种鹅质量和育雏效果，必须严格选择留种雏鹅，把好第一关。选择符合品种特征的健雏，出壳时间要正常，活力好，眼有神，被毛有光泽，脐部收缩良好，握在手中挣扎有力，感觉有弹性。一般雏鹅比种鹅计划多留 20% 左右，以供选择，公母比例为 1:4。

# （二）公鹅选留

种公鹅选择要格外严格，因为公鹅阴茎发育不良的比例较大，所以，在选择公鹅时，除注意体型外貌正常和体格健壮之外，还必须检查阴茎发育情况，最好还要检查精液品质。因为，公鹅好，好一批，影响面很大，一只公鹅配 4~6 只母鹅，如果公鹅缺乏繁殖能力，这 4~6 只母鹅在一个繁殖季节里，就等于白白地浪费了饲养管理的投入。

# （三）种鹅繁殖力的保持和提高

## 1. 选择优良种鹅

鹅的品种较多，而且各品种鹅的繁殖性能差异较大，所以，选择优良的鹅种，是种鹅场实现高产高效的关键一步。选择种鹅除了考虑到市场需求外，还要考虑繁殖性能和适应性。当确定了品种之后，还要做好鹅群的选淘、留种工作。应选留体质健康、发育正常、繁殖性状突出的，符合本品种特征的个体。对留种的公鹅，更要逐个进行检查，挑选体格健壮、精液品质好、符合本品种毛色公鹅留种。

## 2. 加强后备鹅的培育

后备鹅的培育是提高种鹅质量的重要环节。4 月龄以前的后备鹅要给足全价饲料。有放牧条件的，充分放牧之后也要酌情补喂精料；在舍饲条件下，要定时不限量地喂全价饲料，一般每天喂 3~5次。从 4 月龄至产蛋配种之前的后备鹅，要实行限制饲养，增加粗料量，精料酌减，尤其要加强放牧、运动、吃足青料。这样既可提高其耐粗饲能力，增强体质，又可控制母鹅过早产蛋，以免影响日后的产蛋量和种鹅合格率。将公母鹅分开饲养，防止早熟公鹅过早配种，使公鹅发育不良，日后配种能力降低。在开产配种前 15~20天，开始逐步增加精料给量。

## 3. 优化鹅群结构

合理的鹅群结构不但是组织生产的基础，也是提高繁殖力的基础。在生产中应及时地把过老的公母鹅淘汰掉，及时补充新的鹅群。一般母鹅的利用年限不超过 3 年，公鹅利用年限不超过 4 年。

## 4. 繁殖季节采取科学补饲

鹅的繁殖有明显的季节性。在南方为 10 月至翌年的 4 月，此时牧草逐渐枯萎，青草严重不足，同时产蛋鹅对营养的需求量大，为了获得量多质优的种蛋，必须进行科学的补饲。其方法是，每

天补饲 4 次，分别在上午 7：00 和 11：00，下午的 3：00 和 7：00
进行，每只补饲精料 200 克，另加喂青草、菜叶 0.5~1 千克，酒
糟、红苕或胡萝卜 0.25 千克左右，将精料、粗料拌匀饲喂。

### 5. 充分配种

合理的性别比例和繁殖群会提高种蛋的受精率。一般大型鹅种
其公母比例为 1：（3~4），中型 1：（4~6），小型 1：（6~8）。鹅属水
禽，喜欢在水中嬉戏配种，水源充足的种鹅场应每天更换水，保持
水质清洁，提高种蛋的受精率。有些品种的公母鹅体格相差悬殊，
自然交配困难，受精率低，此时可采用人工辅助的配种方法。人工
授精是提高种鹅受精率一种最有效和最好的方法。

### 6. 合理的光照

采取科学合理的光照是提高种鹅产蛋率的一项重要措施。北方
鹅一般光照时间 13~14 小时，光照强度 25 勒就可满足鹅产蛋、配
种的需要。适时延长光照时间，可使鹅的产蛋期延长，提高产蛋
量，增加全年的种蛋量，有利于种蛋利用率的提高。南方灰鹅则需
要缩短光照。

### 7. 饲喂全价配合饲料

产蛋种鹅的日粮配合，要充分考虑母鹅产蛋的营养需求，每千
克配合日粮含代谢能为 10.3~10.7 兆焦，粗蛋白 16% ~17%，钙磷
比为（2.5~3）：1。配合日粮应以优质青绿多汁饲料和精饲料为主，
同时补充维生素、矿物质。实行自由饮水，自由放水。为提高种鹅
的产蛋量和种蛋受精率，应以全价配合饲料喂种鹅，可用如下配
方：玉米 63.5%，豆粕 16%，芝麻饼 7%，麦麸 5.4%，石粉 4.6%，
食盐 0.3%，种鹅预混料 1.5%，磷酸氢钙 1.7%。配合饲料饲喂种鹅，

平均产蛋量、受精蛋数量、种蛋受精率分别比饲喂单一精料要高。

### 8. 做好疫病防治

患病的鹅群代谢紊乱，其产蛋量、配种能力及种蛋的孵化率都会明显下降。因此，对本地区的常发疾病一定要进行疫苗接种或药物防治，尤其要注意日常鹅群的清洁工作，要做到每天打扫圈舍1~2次，每隔半个月用对鹅无害的消毒液对鹅舍及运动场进行一次全面的消毒。在饲养上不能喂给发霉变质的饲料，在饲料中还应定期投放一些广谱抗菌药物。除此之外，应禁止非工作人员进出种鹅场，场内的工作人员进入鹅场前也要进行严格的消毒处理，以防疫病的发生。

## （四）注意消除高温对种鹅繁殖性能的影响

种鹅的利用年限一般为3~5年。一般情况下，当种鹅在经过1个冬春繁殖期后，必将进入夏季高温休产期。为了做到既降低休产期的饲养成本，又保证下一个繁殖周期的生产性能，必须根据成年种鹅耐粗饲、抗病力强等特点进行饲养管理。

### 1. 休产前期的饲养管理

这一时期的工作要点是人工拔羽，种群选择淘汰与新鹅补充，逐渐减少精料用量。一般地，1只成年种鹅可拔羽绒200克左右，按目前每500克羽绒收入20元计算，1 000只种鹅可增加纯收入8 000元。需注意的是，试拔大羽时，只有当羽根完全干枯了才可正式开始拔羽，拔羽前要禁食禁水4小时，场地环境清扫消毒1次。拔羽后12小时内种鹅不得下水洗浴，以防感染。种群选择与淘汰，主要是根据前次繁殖周期的生产记录和观察，对繁殖性能低，如产蛋量少、种蛋受精率低、公鹅配种能力差、后代生活力弱的种鹅个体进行淘汰。为保持种群数量的稳定和生产计划的连续性，还要及时培育、补充后备优良种鹅，一般地，种鹅每年更新淘汰率在25%~30%。饲养管理上，精饲料用量要在产蛋繁殖期用料的基础上逐渐减少。

## 2. 休产中期的饲养管理

这一时期主要需做好防暑降温、放牧管理和保障鹅群健康安全。要充分利用野生牧草、水草等，以减少饲料成本投入。夏季野生牧草丰富，但天气变化剧烈。因此，在饲养上，要充分利用种鹅耐粗饲的特点，全天放牧，让其采食野生牧草。农作物收获后的青绿茎叶也可以用作鹅的青绿饲料。只要青粗料充足，全天可以不补充精料。管理上，放牧时应避开中午高温和暴风雨恶劣天气。放牧过程中要适时放水洗浴、饮水，尤其要时刻关注放牧场地及周围农药施用情况，尽量减少不必要的鹅群损害。这一时期结束前，还要对一些残次鹅进行1次选择淘汰。

## 3. 休产后期的饲养管理

这一时期的主要任务是种鹅的驱虫防疫、提膘复壮，为下一个产蛋繁殖期做好准备。为保障鹅群及下一代的健康安全，前10天要选用安全、高效广谱驱虫药进行1次鹅体驱虫，驱虫1周内的鹅舍粪便、垫料要每天清扫，堆积发酵后再作农田肥料，以防寄生虫的重复感染。驱虫7~10天后，根据当地周边地区的疫情动态，及时做好小鹅瘟、禽流感等一些重大疫病的免疫预防接种工作。夏季过后，进入秋冬枯草期，种鹅的饲养管理上要抓好青绿饲料的供应和逐步增加精料补充量。可人工种植牧草，如适宜秋季播种的多花黑麦草等，或将夏季过剩青绿饲料经过青贮保存后留作冬季供应。精料尽量使用配合料，并逐渐增加喂料量，以便尽快恢复种鹅体膘，适时进入下一个繁殖生产期。管理上，还要做好种鹅舍的修缮、产蛋窝棚的准备等。必要时晚间增加2~3小时的普通灯泡光照，促进产蛋繁殖期的早日到来。

## （五）光照对种鹅繁殖力的影响

光照对种鹅的繁殖力有较大的影响，而这种影响十分复杂。北方鹅在临近产蛋时延长光照，可刺激母鹅适时开产，短光照会推迟母鹅的开产时间；在生长期采用短光照（自然光照），然后逐渐延长光照的时间，可促使母鹅开产；在休产换羽时突然缩短光照，可加速换羽。开放式鹅舍的光照受自然光照的影响较大，而自然光照在每年夏至前由短光照逐渐延长，夏至过后光照时间由长变短。

在自然光照条件下，母鹅一年只有1个产蛋周期。采用控制光照的办法，可使母鹅1个产蛋年有2个产蛋周期。在母鹅夏季结束产蛋1个月后采用自然光照，到秋季采用人工光照，使光照时间逐渐增加到15小时。在后备种鹅70~180日龄时采用自然光照，181~210日龄光照时间逐渐增加，到210日龄时每天光照时间保持16~17小时。南方鹅在自然繁殖状态下，夏至过后光照时间由长变短刺激母鹅卵泡发育，在7—8月开产，到次年3—4月光照时间由短变长时休产。

## （六）鹅不同饲养阶段光照制度

### 1. 育雏期

为使雏鹅均匀一致地生长，0~7日龄提供23~24小时的光照。

8 日龄以后则应从 24 小时光照逐渐过渡到只利用自然光照。

## 2. 育成期

只利用自然光照。种鹅临近开产期，用 6 周的时间逐渐增加每天的人工光照时间，使种鹅的光照时间达到 16 小时，此后一直维持到产蛋结束。增加的光照时间分别加在早上和晚上。第 25 周，天黑前开灯，晚上 7:30 关灯。第 26 周，天黑前开灯，晚上 8:30 关灯。第 27 周，天黑前开灯，晚上 9:30 关灯。第 28 周，天黑前开灯，晚上 10:00 关灯，早上 7:00 开灯，天大亮关灯。第 29 周，天黑前开灯，晚上 10:30 关灯，早上 6:00 开灯，天大亮关灯。第 30 周，天黑前开灯，晚上 11:00 关灯，早上 6:00 开灯，天大亮关灯。

# （七）产蛋前期的光照控制

北方种鹅临近开产期，用 6 周的时间逐渐增加每天的人工光照时间，使种鹅的光照时间（自然光 + 人工光照）达到 16~17 小时，此后一直维持到产蛋结束。每天需要增加的光照时数等于 17 减去自然光照时数。

南方鹅在自然繁殖季节不必进行光照控制，只有在进行反季节繁殖时进行光照控制。

# （八）临产母鹅的外部表现

可从体态、食欲、配种表现和羽毛变化情况对临产母鹅进行识别。临产母鹅全身羽毛紧贴，光泽鲜明，尤其颈羽显得光滑紧凑，尾羽与背羽平伸，腹下及肛门附近羽毛平整。临产母鹅体态丰满、行动迟缓、两眼微凸，头部额瘤发黄，尾部平伸舒展，后腹下垂，腹部饱满松软而有弹性，耻骨间距已开张有 3~4 指宽，鸣声急促、低沉。肛门平整呈菊花状，临产前 7 天，其肛门附近异常污秽。临产母鹅表现食欲旺盛，喜采食青饲料和贝壳类矿物质饲料。从配种方面观察，临产母鹅主动寻求接近公鹅，下水时频频上下点头，要求交配，母鹅间有时也会相互爬踏，并有衔草做窝现象，说明临近产蛋期。

## （九）产蛋鹅产蛋习惯的调教

每天早晨放牧前应检查鹅群，如发现个别鹅鸣叫不安，腹部饱满，尾羽平伸，泄殖腔膨大，行动迟缓，对欲上巢的母鹅，应捉住触摸，如果有蛋应让其留在圈内，待产蛋后再外出放牧。另外，初产母鹅有的不会回圈内产蛋，如果发现在草丛中产蛋，要将母鹅连同所产的蛋一同带回圈内产蛋窝中，经过 1~2 次训练种鹅便会习惯回圈内产蛋了。同时，让鹅有舒适安逸的环境，做好清理、消毒工作，严禁场外人员和猫、犬等动物进入鹅舍，均有助于让产蛋鹅留在圈中产蛋。

## （十）种鹅的产蛋规律

鹅产蛋具有明显的季节性，通常是 9 月到翌年 5 月为鹅的产蛋季节。由于鹅的就巢性很强，就巢前所产的蛋称"窝蛋"。每窝约 20 天，产蛋 10~14 枚，就巢 1 个月后再产第 2 窝蛋，一般每年产蛋 3~5 窝。母鹅每天的产蛋时间不一，一般在下半夜至上午产蛋。

母鹅的产蛋量第 3 年至第 4 年最高，第 1 年最低，只相当于第 3 年的 60%~70%，第 2 年相当于第 3 年的 70%~80%，第 4 年后产蛋量逐年下降。

由于鹅的品种不同，开产日龄、产蛋量都有很大差别。我国鹅种中的小型白鹅开产日龄约为 5 个月，每年产蛋量 100~120 枚，蛋重 125~150 克。大中型鹅开产日龄约 7 个月，每年产蛋 35~50 枚，蛋重 220~250 克。鹅怕惊吓，若惊扰鹅群，产蛋量会明显下降，所以产蛋期要保持环境安静。

# （十一）种鹅的人工授精

鹅人工授精是利用人工技术，自公鹅采得的精液注入母鹅的生殖道内，使所排出的卵受精，以代替自然交配。鹅人工授精优点：可免除因雌雄体型差异太大所引起配种上的困扰；人工授精可以使每只母鹅皆有受精的机会，提高配种概率，在选种时较为有利；公鹅喜于水中配种，旱养条件下，实施人工授精可提高受精率；公鹅饲养的数目可以减少，每只公鹅每次所采得的精液可授精 10~15 只母鹅；鹅为季节性繁殖的家禽，繁殖季节的早期与末期受精率较低，可调整采精的频度或增加授精的次数，以提高受精率。可查知每只母鹅的产蛋情形，及早淘汰产蛋数少或不产蛋鹅只，以提高生产效率。

## 1. 种鹅人工授精的准备工作

种鹅在性成熟前，公母鹅要分开饲养，在实施人工授精前 1 周，挑选合格的种公鹅进行按摩训练，使之形成按摩性条件反射，将射精表现良好、精液质量优良的种公鹅作为采精对象。同时准备好相关的工具，如采精台、采精杯、显微镜、玻片、稀释液、计数板、计数器、温度计、输精器及消毒药品等。

## 2. 种公鹅精液的采集

采精需 2 人完成。由助手将种公鹅保定在采精台上（桌凳也可），右手按住鹅翅根部，左手拿采精杯。采精者先用灭菌生理盐水棉球由中央向外缘擦洗肛门，然后左手掌心向下，大拇指和其余四指分开，稍微弯曲成弧形，手掌心紧贴公鹅背部，从翅膀的基部向尾部方向有节奏地来回缓慢按摩，频率为 1~2 秒 / 次，持续4~5 次。左手按摩稍带挤压公鹅尾根部，同时右手拇指和食指有节奏地按摩腹部后面的柔软部，并逐渐按摩、挤压泄殖腔环，使其充血引起阴茎勃起。这样的动作经过 4~5 次后，公鹅的阴茎就会勃起伸出射精。此时左手拇指和食指轻挤泄殖腔环背侧（使输精沟闭锁），精液沿输精沟从阴茎顶端射出，助手就可以用清洁的杯子接到 0.5~1.5 毫升的精液。一只性敏感的公鹅，一般从按摩到射精，只需要 20~30 秒，大型鹅的时间稍长。

## 3. 人工采精的注意事项

公鹅的阴茎在非繁殖季节时退化萎缩，当进入繁殖季节时再恢复生殖功能。供采精用的公鹅须与母鹅分开饲养，最好是单笼饲养（鹅笼规格以长 70 厘米 × 高 70 厘米 × 深 45 厘米为宜），以免抓取时过度惊吓。每天给公鹅按摩使其适应，经 1~2 周的采精训练，才能采得精液。公鹅体型较大，采精时以 2~3 人配合操作为宜。采精前需禁食 4~6 小时，以减少采精时粪尿的污染。

## 4. 种母鹅的人工输精

输精前，需将采集到的公鹅比较浓稠的精液经显微镜检查后（生产上应用时可在输精后再镜检），用 0.9% 生理盐水按 1 :（1~3）比例稀释后再给母鹅输入。输精时需 2 人操作，助手负责保定母鹅，输精者面朝鹅尾，先用棉球蘸生理盐水擦洗母鹅肛门周围，再用左手拨开尾巴，用拇指紧靠泄殖腔下缘，轻轻向下压迫，使泄殖腔张开，右手将吸足精液的输精器缓缓插入泄殖腔2~3厘米后抬高右手，向左下方插入3~4厘米深，左手扶住输精器，右手将精液慢慢注入，拨出输精器，助手轻轻将母鹅放在地上。每只母鹅每次输精量控制为0.1毫升（保证有效精子数4 000万只以上）。一只母鹅每隔5~6天输精1次，第1天的输精量需加倍，最好第2天加输1次。母鹅经过人工输精后，种蛋受精率可提高到90%以上，出雏率大大增加。

## 5. 人工授精的方法及优缺点

人工授精的方法一般有手指探测法和阴道外翻法两种。

（1）手指探测法。需2人配合，一人固定，另一人用手指探测并授精。使母鹅蹲在长板凳上，双手轻轻按住腿及翅膀，以右手食指伸入泄殖腔，探测位于左下侧之阴道口。将装好精液的注入器沿右食指至阴道口，插入阴道后注入精液。该方法的优点：仅食指插入探测，操作简单，母鹅不会过度挣扎。缺点：手指探测要有熟练的技巧，否则不易测知阴道口；不能目睹精液注入阴道，如注入器的活塞未固定好，精液在到达阴道前即已漏失也无法察觉。

（2）阴道外翻法。2~3人配合。2人操作时要先将精液装入注入器，固定者兼精液注入的工作，母鹅跨骑于长板凳上，胸部贴在板凳末端，腹部以下则悬在外面。操作者站在母鹅左侧，右手心将尾羽往前翻并往下压，同时右手将腹部上托，使腹压增大，右食指与拇指张开泄殖腔口，此时直肠口先翻出，接着阴道口外翻。当腹部加压后，母鹅不再挣扎，固定者迅速取注入器，插入阴道深部后，使腹部放松，让生殖道回缩，同时注入精液。3人操作时，另一人持注入器，负责注入精液。优点：可目睹精液注入阴道内，确保受精率不致下降。缺点：因鹅产蛋时间不规律，不论何时授精均会发现有些鹅只产道内有蛋未产出，故操作时要小心，以免鹅蛋破裂或使生殖道受伤。

精液以生理盐水稀释 1 倍后注入 0.1 毫升。每周授精 1 次，受精率约 80%。

## 6. 人工授精的注意事项

（1）采精以固定的操作人员较好，因为一旦习惯某位操作人员的手势，突然换人操作使公鹅不能适应，而不能采得良好的精液或采不到精液。

（2）采精应一气呵成，阴茎勃起后应迅速使其射精，不可中途间断，否则采不到精液。

（3）阴茎勃起后，手指按捏不可用力过猛，以免出血污染精液，严重时短期间内采精都会有出血的现象，一周内应停止再采精。

（4）公鹅射精后，阴茎收缩缓慢，放回鹅笼时要小心轻放，以免受伤。

（5）采精用的公鹅应避免太年轻，10 月龄后使用较适合。

（6）采精频度不可太高，每周 1~2 次为宜。

（7）公鹅于产蛋季节结束前，精液品质迅速变差，故授精前应以显微镜检查，以防受精率降低。

（8）以手指探测法授精时，指甲应剪短，以免使阴道受伤。精液注入器如受粪便污染应用棉花擦净，以防母鹅生殖道受细菌感染。

（9）精液稀释后应尽快使用完毕。

（10）阴道翻出后应迅速授精，翻出太久易使微血管破裂，受污染而发炎。

（11）母鹅有无产蛋可由耻骨缝的宽度测知，如宽度小于两根手指则该鹅尚未开始产蛋，无法以阴道外翻法将阴道口翻出。

# （十二）保持种鹅群较高产蛋率的方法

## 1. 适时调整日粮的营养水平

由于种鹅连续产蛋，消耗的营养物质特别多，所以这时饲料营养、全面非常重要，应选用优质全价配合饲料。如果饲料中的营养不全面或某些营养元素缺乏，会造成产蛋量下降，种鹅体况消瘦，最终停产换羽。因此，产蛋期种鹅精料可增加到 200~225 克，可适当补饲 100~150 克谷物等。

## 2. 加强产蛋鹅的放牧管理

产蛋期的种鹅采用放牧与补饲相结合的饲养方式比较适合，晚上赶回圈舍过夜。放牧时间应选择路近而平坦的草地，路上应慢慢驱赶，上下坡时不可让鹅争先拥挤，以免跌伤。尤其是产蛋期母鹅行动迟缓，在出入鹅舍、下水时，应呼号或用竹竿稍加阻拦，使其有秩序地活动。放牧前要熟悉草地和水源情况，掌握农药的使用情况。一般春季放牧采食各种青草、水草；夏、秋季主要放牧麦茬地与收割后的稻田；冬季放牧湖滩、沟边、河边。不能让鹅在污秽的水沟、塘水、河水内饮水、洗浴和交配。种鹅喜欢在早晚交配，在早晚各下水 1 次，有利于提高种蛋的受精率。

## 3. 防止窝外蛋

母鹅有择窝产蛋的习惯，因此，在产蛋鹅舍内应设置产蛋箱或产蛋窝，以便让母鹅在固定的地方产蛋。开产时可有意训练母鹅在产蛋箱内产蛋。放牧前检查鹅群，如发现个别母鹅鸣叫不安，腹部饱满，尾羽平伸，行动迟缓，有觅窝的表现，可用手指深入母鹅泄殖腔内，触摸腹中有没有蛋，如果有蛋，应将母鹅送到产蛋窝内，而不要随大群放牧。放牧时如果发现有母鹅出现神态不安、有急于找窝的表现，如向草丛或较为掩蔽的地方去时，则应该捉住检查，如果腹中有蛋，则将该鹅送到产蛋箱内产蛋，待产完蛋后就近放牧。

### 4. 就巢性控制

个别种鹅在产蛋期间会表现出不同程度的就巢性，对产蛋性能造成很大的影响。如果发现母鹅有就巢表现时，及时隔离，关在光线充足、通风凉爽的地方，只给饮水不给料，2~3天后喂一些干草粉、糠麸等粗饲料和少量精料，使其体重不过多下降，待醒抱后能迅速恢复产蛋。也可使用市场上出售的醒抱灵等药物，一旦发现母鹅有就巢表现时，立即服用此药，有较明显的醒抱效果。在产蛋期间有恋窝的母鹅，应将此母鹅驱逐出其产蛋窝，白天不让其回到窝内，经过5~7天的驱赶后，又能正常产蛋。

### 5. 及时选择与淘汰

在产蛋期凡是就巢早、就巢时间长、产蛋末期耻骨间距窄、产蛋季节有脱毛现象的个体产蛋量较低，应予以淘汰，以提高整个群体的产蛋水平。种鹅一般到每年的4—5月开始陆续停产换羽。如果种鹅只利用1个产蛋年，当产蛋接近尾声时，大约在来年的3月份就开始出现停产。此时可首先淘汰那些换羽的公鹅、母鹅及腿部等有伤残的个体，然后根据母鹅耻骨间隙，淘汰那些耻骨间隙在3指以下没有产蛋的个体，同时应淘汰多余的公鹅。也可采取全进全出的饲养制度，将产蛋末期的种鹅全群淘汰。实行全进全出，可充分利用鹅舍和劳动力，节约饲料，经济效益较高。

# （十三）种鹅的反季节繁殖技术

鹅的繁殖随着一年四季的光照变化而呈现出明显的季节性。大多数种鹅一般是从每年 8—9 月开始产蛋，到次年的 4—5 月停止产蛋，全年产蛋高峰出现于 12 月和来年的 1 月。鹅随季节性变化的繁殖特性，导致鹅种供应不平衡，产销严重失调，市场价格波动较大。鹅的反季节繁殖技术是通过人为的控光、控料、控温和强制换羽等综合措施改变鹅的季节性繁殖活动，使鹅在自然状态下产蛋的月份停产，不产蛋的月份产蛋。国内先后针对广东灰鹅和白鹅研究得出了相应的鹅反季节繁殖技术，其中广东灰鹅的反季节繁殖技术研究得早且更为成熟。目前，这项技术在广东已被全面推广使用。

## 1. 南方灰鹅反季节繁殖的技术要点

（1）光照控制。南方灰鹅普遍于每年的 7—8 月开产，于次年 3—4 月停产，这种繁殖表现出季节性变化是由一年四季的光照变化所引起。每年 6 月夏至后，日照变短，鹅就开始产蛋，到春天光照延长时，鹅就停产。根据这一原理，我们可以通过改变光照，调节鹅的繁殖季。一般是在冬季通过延长光照使鹅停止产蛋，在鹅经过 3 个月左右的休产期后，再将光照缩短使鹅重新进入产蛋期。

在反季节生产中，为使南方灰鹅在 3—4 月开产，按 2~3 个月的休产期计算，应该使其在 2 月上旬或 1 月中下旬停产，再按鹅必须接受 30 天左右的长光照才停产，因此于 12 月中下旬至 1 月上旬开始每天对鹅补光。为了减轻长光照对鹅的应激反应，可采取每天递增 1 小时或 2 小时的方法，最终使每天的光照时间由产蛋期的 11 小时延长至 18 小时，光照强度必须达到 100 勒以上。公鹅长光照处理 55~60 天，母鹅长光照处理 75~80 天后，光照时间逐渐缩短为 13 小时，预计过 3 个星期后，母鹅即可开产。待出现第 1 个产蛋高峰 1 周后，鹅会出现抱窝行为，光照时间逐渐缩短至 11 小时，直至产蛋期结束。

目前实际生产中，光照强度和时间往往都不足，如灯安装数量不够，或每天不按时开关灯，会降低鹅反季节处理的效果，推迟停产时间和延长休产期，也会降低下一产蛋期的产蛋率和产蛋高峰的到来。

（2）整群与分群。整群，就是重新整理群体；分群，就是把整群后的公母鹅分开饲养。在反季节生产中，鹅群在接受长光照处理 30~35 天后，鹅群的产蛋率会降到 5% 以下，标志着鹅群即将进入休产期。

种鹅利用 4~5 年才淘汰，但进入休产时，首先，将鹅群中的病、弱、残鹅及产蛋率低的母鹅和阴茎伤残的公鹅予以及时淘汰；其次，每年按比例补充新的后备种鹅和淘汰 5% 左右的 5 岁鹅，一般母鹅群有合理的年龄结构：1 岁鹅占 30%，2 岁鹅占 25%，3 岁鹅占 20%，4 岁鹅占 15%，5 岁鹅占 10%；最后，为了使公母鹅在休产期结束后能达到最佳的体况，保证较高的受精率，以及保证强制换羽及其以后的管理方便，待鹅整群完毕后将公母鹅分群饲养。

群体整齐度，在蛋鸡生产中受到高度重视，而在鹅生产中往往被忽视。整齐度高的群体，开产一致，产蛋高峰值高而平稳，持续时间长，蛋重均匀，易管理。鹅在产蛋结束后，除按以上整群与分群外还应按鹅肥瘦分群饲养，给料也易做到"看膘给料"，开产前再根据体重和羽毛长短分群，一旦群体固定后整个产蛋期就尽量不要再调整。这样既能避免鹅群的肥鹅不产蛋而浪费饲料，又能避免瘦鹅长期透支体力而发展为病鹅。

（3）日粮控制。进入休产期鹅饲喂要点是保证种鹅有一个理想的体况，不能过肥或过瘦，及时将鹅群中过肥与过瘦的鹅挑出单独饲养，关键做到"看膘给料"。

产蛋结束后至拔毛前，逐渐减少日粮饲喂，并将产蛋期鹅料改为休产期鹅料，日饲喂次数由产蛋期的 3 次减少至 1 次，每只母鹅日饲喂 100 克左右，公鹅 150 克左右，主要目的是消耗母鹅体内的脂肪，加速鹅的换羽。在此期间，给公母鹅补充充足的青绿饲料，如有条件应延长放牧时间，既可提高鹅群耐粗饲的能力，又可降低饲养成本。

强制换羽后，日饲喂次数增加至 2 次，母鹅日饲喂休产期鹅料 200 克左右，公鹅不再限饲改为自由采食，具体根据鹅的体型和肥瘦调整，此时同样要补充充足的青绿饲料。一般在产蛋前 4 周开始将饲料逐渐调整到产蛋期料，饲料粗蛋白水平为 12%~13%，并适当减少青绿饲料的饲喂量，使种鹅逐渐恢复体况，为产蛋积累营养物质、贮备能量，为下个产蛋期做好准备。但也要注意补饲不能增加过快，否则会导致鹅体况过肥或较早产蛋并影响以后的产蛋率和受精率。种公鹅的精料补饲应提前 2 周开始，以便在母鹅开产前种公鹅就有充沛体力及旺盛的性欲，从而提高受精率。

（4）人工换羽。在自然条件下，母鹅从开始脱羽到新羽长齐需较长的时间，换羽有早有迟，其后的产蛋也有先有后。为了缩短换羽停产的时间，改变鹅群的开产时间，提高产蛋的整齐度，便于管理和生产换羽后产蛋比较整齐，可采用人工强制换羽。

人工强制换羽是通过改变种鹅的饲养管理条件，促使其换羽。在鹅反季节生产中，公鹅长光照处理 35~40 天，母鹅长光照处理 50~55 天，可进行强制换羽，试拔主翼羽、副主翼羽尾羽，如果试拔不费劲，羽根干枯，可逐根拔除。否则应隔 3~5 天再进行拔毛。如有个别鹅已有少量新毛时，为了鹅群的整齐度，也应一次性拔掉。一般如果鹅在上一个休产期处理得好，整齐度高的话，鹅换毛的时间基本一致。但如鹅群整齐度不高，换毛时间不一致，应将已换毛与未换毛的鹅分开，只对未换毛的鹅进行强制换羽。

人工强制换羽的操作方法有两种，一种是手提法：用手紧握鹅的两翼，将鹅悬空，另一手把翼张开，用力顺着主副翼羽生长的方向将主副翼羽拔去，最后拔去尾羽，此法适于小型鹅种；另一种是按地法：左手抓着鹅的颈上部，右手抓住鹅的两脚向后拉，把鹅按在地上，拔羽者用两脚分别轻轻踩住鹅的颈部和两脚将鹅固定，然后一手将鹅翼固定，另一只手用力拔去主副翼羽，最后拔掉尾羽，此法适应于体型较大的鹅。

拔羽后当天，鹅群应圈养在运动场内喂料、喂水，不能让鹅群下水，防止细菌污染，引起毛孔发炎。拔羽第 2 天才可以下水，但拔羽后一段时间内因其适应性较差，要注意护理，避免雨淋和烈日暴晒。拔羽时在饲料中加入抗生素和多种维生素，以增强抵抗力，预防感染。

（5）免疫与驱虫。鹅疾病的防治是养鹅业中重要的一环。实践证明，虽然鹅的抗病力很强，但疾病仍是极大的障碍，有时由于疾病的流行使鹅大批死亡，造成养鹅业重大损失。因此，必须贯彻"预防为主，养防结合，防重于治"的基本方针，开展综合性防治措施，休产期除做好常规消毒工作外，还必须重视免疫工作。

根据本地区经常发生的疾病情况，制订一个科学的免疫程序，进行疫苗接种预防，并不定期检测抗体水平，如发现抗体水平达不到免疫要求，应及时补免。另外，为了避免因鹅只串栏造成漏免现象，最好全场统一免疫。

对休产期种鹅而言，待公母鹅合群后产蛋前，进行一次免疫，主要注射禽流感、小鹅瘟、鸭瘟等疫苗，具体根据本地区的常发生疾病情况调整。

另外，产蛋前应对鹅进行 1~2 次驱虫，特别是喂饲大量水浮莲等水生植物的鹅群，驱虫更是尤为重要。

（6）日常管理。一是提供清洁饮水，防止鹅饮用池塘水。池塘的水质如不好，细菌微生物会大量繁殖，产生内毒素释放于水中，被鹅通过饮水摄入体内，在体内沉积，产蛋期还会沉积在蛋中，造成孵化时鹅胚后期大量死亡，致使孵化率降低。二是每天要及时清除鹅粪，保持舍内外清洁卫生。饲养员每天早上用扫把和铁锹将鹅舍和运动场内的粪便清理干净，禁用水冲洗，既可收集鹅粪增加创收，又可降低因鹅舍潮湿使鹅患腿病的概率。三是池塘定期换水，防止水体污染。鹅将大量粪便排泄在水中，造成大量有害细菌滋生，一方面感染公母鹅的生殖器；另一方面细菌产生的内毒素被鹅摄入后，会使鹅处于亚中毒状态，影响鹅群健康，产蛋期还会降低产蛋性能和种蛋受精率。四是保持舍内通风良好，特别是加光照期间，另外鹅舍运动场应搭设遮阳网，避免鹅受日光直射。

## 2. 四川白鹅开展反季节繁殖的技术措施

四川白鹅虽具有较高的产蛋性能，但仍具有明显的繁殖季节性。与广东灰鹅不同的是，表现为从每年的9月进入繁殖产蛋期，至次年的5月进入休产期，全年的产蛋最高峰发生于12月至次年1—2月，季节性繁殖活动造成了雏鹅生产和供应的季节性显著变化。

四川白鹅开展反季节繁殖的技术措施：

（1）适时留种。四川白鹅母鹅开产日龄在200~210天，因此，选留9月左右的雏鹅留种，其开产时间刚好在第2年的4—5月。因其开产时适逢环境温度升高、光照时数和强度增强，传统养鹅法鹅开产后很快就换羽停产，产蛋量、受精率都很低，养鹅户一般不愿选留9月左右的鹅苗作种用。我们采取选留9月左右的鹅苗留种，通过强制换羽，人工控制光照和温度等综合技术措施，使4、

5月开产的种鹅在正常的非繁殖季节（6—8月）保持较高的产蛋率和受精率，达到反季节繁殖的目的。

（2）强制换羽。为使种鹅开产更整齐，对4~5月龄的育成鹅进行强制换羽（在1—2月）。强制换羽前1~2天进行整群，淘汰伤残鹅。停止人工光照，使用自然光照。停料4~5天，停止时间以产蛋率降至5%以下为准，但要保证充足饮水。从第5天或第6天开始喂青草或育成鹅饲料，喂六七成饱，喂7天左右（具体时间以拔毛完成为止）。当产蛋率几乎降至零时（停料后7~10天）开始试着拔大翅膀毛。如果拔下来的毛不带血，就可逐只一根一根地拔掉；暂时不适合拔的鹅第2天再拔，2~3次（天）可拔完。拔羽完成后喂育成鹅料加青草，饲喂方法与育成期限制饲养方法相同。从停料到交翅（主翼羽在背部交叉）需要45~55天。交翅后换成初产蛋鹅料，用2~3周时间喂料量增加至饱食量，同时逐渐增加光照。45天开始注射禽巴氏杆菌A苗、小鹅瘟疫苗、禽流感疫苗。注意每注射一种疫苗，时间间隔一周。当产蛋率达30%以上时，使用产蛋高峰期饲料。

（3）控制光照和温度。夏季气温高，为给种鹅提供适宜的产蛋环境应采取降温和遮光措施，如农户饲养，最好在果园、葡萄树、丝瓜棚下养鹅，避免烈日暴晒。活动场、沐浴池用黑色遮阳网遮光。

（4）要有充足和清洁的水源。种鹅洗浴、饮水、降温都需要水，而且最好是深井水（地下水）。这类水不仅清洁卫生，而且水温低，降温效果好。

（5）其他配套技术措施。

①人工控温，网上育雏，提高雏鹅成活率。

②雏鹅补饲配合饲料，产蛋鹅增加配合饲料或精料饲喂量。

③种草。鹅是草食家禽，以食草为主，应人工种植优质牧草以提供充足的青饲料。100只鹅需种1亩优质牧草，秋冬季以黑牧草

为主，夏季种植高丹草。

④科学的疫病防治措施，按免疫程序接种小鹅瘟、禽流感、禽巴氏杆菌等疫苗。

⑤有条件的孵化场应推广全自动孵化技术，改变传统的摊床孵化方式，提高受精蛋孵化率。

# （十四）种 蛋 孵 化

## 1. 鹅的孵化期胚胎发育阶段

鹅胚经 31 天孵化发育成雏鹅。在孵化期间的胚胎发育，可分为 4 个阶段，并各有其发育特征。

（1）内部器官发育阶段。在鹅蛋孵化的第 1~6 天，先在内胚层与外胚层之间很快形成中胚层，此后由这三个胚层形成各种组织和器官。外胚层形成皮肤、羽毛、喙趾眼耳神经及口腔和泄殖腔的上皮等；内胚层形成消化道和呼吸道的上皮以及分泌腺体等；中胚层形成肌肉、生殖器官、排泄器官、循环系统和结缔组织等。

（2）外部器官形成阶段。在鹅蛋孵化的第 7~18 天，胚胎的颈部伸长，翼、喙明显，四肢形成，腹部愈合，全身覆盖绒毛，胫趾上有鳞片。

（3）胚胎强化生长阶段。在鹅蛋孵化的第 19~29 天，由于蛋白全部被吸收利用，胚胎强化生长，肺血管形成，尿囊及羊膜消失，卵黄囊收缩进入体腔，开始用肺呼吸，并开始鸣叫和啄壳。

（4）出壳阶段。在鹅蛋孵化的第 30~31 天，雏鹅利用喙端的齿状突继续啄壳至破壳而出。

## 2. 鹅胚胎的物质代谢特点

孵化期胚胎发育的物质代谢是一个十分复杂的生理生化过程。孵化期胚胎发育的物质代谢主要依靠胚胎膜来完成。在孵化头两天胚胎膜尚未形成，卵黄血液循环也未出现，胚胎主要通过渗透方式直接利用蛋黄中的葡萄糖，所需的氧气也从碳水化合物分解而来。从卵黄囊血液循环形成至鹅7胚龄为止，胚胎主要靠卵黄囊血管吸收蛋黄中的营养物质和氧气，胚胎的物质代谢迅速增强而趋于复杂。对碳水化合物利用的同时，也利用了蛋白质。鹅胚龄在9~28天，此时胚胎代谢旺盛，增重迅速，靠卵黄囊血管继续吸收蛋黄中的营养物质和尿囊血管吸收蛋白和蛋壳中的钙。胚胎对蛋白质利用日趋完全，能分解出尿素和尿酸，蛋白和蛋黄中的蛋白质大量减少，大部分转化为胚胎组织、器官的主要成分。尿囊在蛋的锐端"合拢"之后，胚胎大量利用脂肪并沉积体内脂肪，胚胎骨化日益旺盛，蛋壳的矿物质大部分被利用。因此到临出壳时，蛋壳变得很薄很脆。此时由于物质代谢不断增强，胚胎产出大量体热，蛋内温度随着升高。鹅胚龄在28~29天时，蛋白已基本用尽，尿囊枯萎，开始肺呼吸，胚胎只靠卵黄囊吸收蛋黄中营养物质，此时脂肪代谢达到高峰，胚胎产生大量的体热，要比孵化器内高3℃左右。从上述情况看来，胚胎的物质代谢是有规律的，由低级到高级，由简单到复杂。孵化初期碳水化合物代谢占优势，随后蛋白质和脂肪代谢相互交替，以蛋白质代谢占优势，后期以脂肪代谢占优势。此外，维生素对胚胎发育也有很大关系，水的代谢对胚胎发育亦起重大作用。一部分水要形成羊水和尿囊液，还有一部分要参与形成胚胎。初生雏禽体内水分占75%~80%。

### 3. 鹅蛋孵化与鸡蛋孵化的差异

孵化期不同，鹅蛋为30天，鸡蛋为21天。鹅蛋孵化后期要晾蛋，因为鹅蛋大，且脂肪含量高，孵化18天后胚蛋脂肪代谢加强，产热量越来越多，多余热量要散发出去，因此，从孵化第18天开始每天要晾蛋2次，上下午各1次，每次约30分钟，使蛋温晾至36.6℃，晾蛋结束后要向蛋面上喷洒30℃的温水，以促进胚蛋降温和增加蛋面湿度。鹅蛋孵化温度比鸡蛋低1~2℃。鹅蛋孵化温度：1~6天为37.8℃，7~12天为37.5℃，13~18天为37.2℃，19~28天为36.9℃，29~31天为36.6℃。孵化机内相对湿度：前期为70%，中期为55%，后期为60%。现在多使用全自动孵化机孵化种蛋，只要先在孵化机电控等系统定好温度、湿度，看守孵化机防止停电事故，孵化18天后坚持每天晾蛋就行了。用火炕孵化时，炕面上放5厘米左右的细沙土，上面放软草或帘，再放蛋，蛋面上放温度计，控制好温度，每2~3小时翻蛋1次，根据室内温度和孵化期限在蛋上加盖单布或棉毯等。用水袋孵化时可将蛋直接放在水袋上，水袋厚度为10厘米左右，用简式农膜就行，里面装温热水，再将农膜两头卷起压好，水袋四周用木框或其他材料框起来高出水袋10厘米左右，并用电褥子或在孵化期中间换1~2次热水调温即可。

### 4. 鹅胚胎发育的特征和照蛋要领

1~2胚龄胚胎开始发育，出现消化道，形成脑、脊索和神经管等。在胚盘边缘出现许多红点。照蛋时蛋黄表面出现一颗稍透亮的圆点，俗称"鱼眼珠"。

3~3.5胚龄卵黄囊、羊膜、绒毛膜开始形成。心脏和静脉形成，心脏的雏形开始跳动。照蛋时，可见卵黄囊的血管区形状很像樱桃，俗称"樱桃珠"。

4.5~5胚龄尿囊开始长出，鼻、翅膀、腿开始形成，羊膜完全包围胚胎。眼的宦素开始沉着。照蛋时可见胚胎及伸展的卵黄囊血管，形状似一只蚊子，俗称"蚊虫珠"。

5.5~6胚龄羊膜腔形成，胚与卵黄囊完全分离，并在蛋的左侧翻转。胚头部明显增大。照蛋时蛋黄不易随着转。胚胎与卵黄囊的血管形似蜘蛛，俗称"小蜘蛛"。

7胚龄生殖腺已性分化，胚胎极度弯曲，眼的黑色素大量沉着。照蛋时可明显看到胚胎的眼点，俗称"起珠"。

8~8.5胚龄喙和喙尖开始形成，腿和翅膀大致分化。尿囊扩展达蛋壳膜内表面，羊膜平滑肌收缩使胚胎有规律地运动，胚的躯干部增大。照蛋时可见头部及增大的躯干部呈两个小圆团，俗称"双珠"。

9~9.5胚龄出现卵齿，肌胃形成，绒毛开始形成，胚胎自身有体温。胚胎已显示鸟类特征。照蛋时不易看清羊水中的胚胎，俗称"沉"。这时半个蛋的表面已完全布满血管。

10~10.5胚龄肋骨、肝、肺、胃明显可见，母雏的右侧卵巢开始退化。嘴部开始可以张开。照蛋时，正面可见胚胎在羊水中浮动，俗称"浮"。蛋转动时背面可见两边卵黄不易晃动，俗称"边口发硬"。

11.5~12胚龄喙开始角质化，软骨开始骨化，各趾完全分离，尿囊几乎包转整个胚蛋。照蛋时，卵黄两边容易晃动，背面尿囊血管伸展越出卵黄囊，俗称"窜筋"。

15~16胚龄龙骨突形成，背部出现绒毛，腺胃明显可辨，冠出现冠齿，血管加粗、色深。照蛋时，尿囊血管伸展到蛋的小头合拢，整个胚蛋除气室外都布满了血管，俗称"合拢"。

17胚龄躯体覆盖绒毛，趾完全形成，肾、肠开始有功能，胚胎开始用嘴吞食蛋白。照蛋时，可见血管加粗、颜色加深。

18胚龄头部及躯体大部分覆盖绒毛。出现足鞘和爪。蛋白迅速进入羊膜腔。照蛋时，蛋的小头发亮部分随胚龄增加而逐渐减少。

19~22胚龄胚胎从横的位置逐渐形成与蛋长轴平行，头转向气室。翅膀成形。体内器官大体上都已形成。绝大部分蛋白已进入羊膜腔。卵黄逐渐成为胚胎重要的营养来源。照蛋时，小头发亮部分逐渐变得很小。

23~24胚龄两腿紧抱头部，喙转向气室，蛋白全部输入羊膜腔。照蛋时，小头看不到透明的部分，俗称"封门"。

25~26胚龄胚胎成长接近完成，头弯于右翼下，胚胎转身，喙朝气室。照蛋时可以看到气室向一侧倾斜，这是胚胎转身的缘故，俗称"斜口"。

27.5~28胚龄卵黄囊经由脐带进入腹腔。喙进入气室开始呼吸，胚胎呈抱蛋姿势，开始啄壳。颈、翅突入气室。照蛋时，可见气室中翅与喙的黑影闪动，俗称"闪毛"。

28.5~30胚龄余下的蛋黄与卵黄囊完全进入腹腔。尿膜失去作用，开始干枯。起初是胚胎喙部穿破壳膜、伸入气室内，接着开始啄壳。

30.5~31胚龄雏鹅出壳。

# 七、鹅的营养与饲料

## （一）鹅的五大营养要素的生理功能

鹅的五大营养要素是蛋白质、能量、矿物质、维生素和水，用以维持其健康和正常生命活动的需要，以及用于供给产蛋、长肉、长毛（绒）、肥肝等生产产品的营养需要。

### 1. 蛋白质的营养作用

蛋白质是构成鹅的组织、酶和激素的主要原料，是维持生命进行生产所必需的营养物质。蛋白质是由氨基酸组成的。组成蛋白质的氨基酸共有20种，分为必需氨基酸和非必需氨基酸。鹅的必需氨基酸有赖氨酸、苏氨酸、精氨酸、蛋氨酸、胱氨酸、异亮氨酸、苯丙氨酸、组氨酸等。任何1种必需氨基酸的缺乏都会影响鹅体蛋白质的合成，引起鹅生长发育不良。不同鹅品种，生长潜力和生长规律不同，对饲粮蛋白质需要量有较大差异，饲养方式（公母混养和公母分饲）和判定指标也影响鹅饲粮蛋白质需要量研究结果。因此，在实际生产中，应根据上述因素适当调整饲粮蛋白质水平，以获得最佳饲养效果。众多试验表明，在放牧加补精料养鹅方式下，精料配方中适宜的蛋白质水平：0~4周龄为18%~20%；5~8周龄为16%~18%。精料补充料依据青草的品质灵活变动，一般设计配方原则为"前期低能高蛋白，后期低蛋白高能"，这既符合鹅的生长发育规律，满足其营养需要，又充分发挥鹅大量采食青草的能力，促进鹅快速生长。

### 2. 鹅的能量需要

能量主要来源于日粮中的碳水化合物和脂肪，以及部分体内蛋白质分解所产生的能量。鹅食入饲料所提供的能量超过生命活动的需要时，其多余的部分转化为脂肪，在体内贮存起来。鹅有通过调节采食量的多少来满足自身能量需要的能力，日粮能量水平低时，采食量较多；反之则少。环境温度对能量需要影响较大，如果环境温度低于12.8℃，则消耗大量的饲料用于维持体温。众多试验表明，在放牧加补精料养鹅方式下，精料配方中适宜的代谢能：0~4周龄为10.87~11.29兆焦/千克，5~8周龄为11.29~12.13兆焦/千克。

### 3. 鹅的矿物质需要

鹅的生长发育、机体的新陈代谢需要矿物质元素。矿物质虽不是鹅体内供能物质，但却是鹅体组织器官中细胞，特别是骨骼和蛋壳的主要成分，也是维持酸碱平衡和调节渗透压的基础物质，对激活酶系统等有作用。矿物质的范围很广泛，维持机体正常营养所必需的矿物质有10多种，如钙、磷、铁、钾、钠、硫、镁，以及需要量极少的元素如铜、钴、碘、锌、锰、硒、氟等。因此，在日粮配合时通常要另外添加石粉、骨粉、磷酸氢钙等以补充钙、磷。现有研究表明，0~40日龄仔鹅钙的需要量在0.76%~1.2%，总磷在0.7%~0.8%；40日龄后钙需要量在0.7%~0.9%，总磷在0.45%~0.6%。而集约化条件下生长鹅0~4周龄钙需要量为1.1%~1.2%，总磷为0.7%~0.8%。另外，保持适宜的钙磷比也很重要，一般育雏期为1.5∶（2~1）。日粮中，其他矿物质也不可缺少，从生长考虑0~3周龄日粮钠以0.24%较好。但仔鹅对铜敏感，不宜过量添加，当日粮中含铜为50毫克/千克时，0~10日龄的仔鹅会中毒死亡。相反，锌和锰有明显促进生长和提高饲料转化率的作用，有人认为在30~70日龄的皖西白鹅公雏日粮中添加100毫克/千克蛋氨酸锌，对增重、羽毛生长作用好于其他添加量。

### 4. 鹅的维生素需要

维生素是维持正常生理活动和产蛋、生长、繁殖所必需的营养物质。鹅不能自己合成维生素，需要从饲料中获得。如果饲料中某种维生素缺乏，就会引起缺乏症。维生素包括水溶性维生素和脂溶性维生素。水溶性维生素包括维生素 $B_1$、维生素 $B_2$、吡哆醇、维生素 $B_{12}$、泛酸、叶酸、胆碱、烟酸、生物素等，还有维生素 C。这类维生素除 $B_{12}$ 外，供应量超过需要量的部分很快从尿中排出，因此必须由饲料不断补充，防止缺乏症的发生。脂溶性维生素包括维生素 A、维生素 D、维生素 E、维生素 K。这类维生素与脂肪同时存在，如果条件不利于脂肪吸收时，维生素的吸收也受到影响。脂溶性维生素可在体内贮存，较长时间缺乏才会出现临床症状。在生产上，为了保证鹅的维生素需要，在配制日粮时加入禽用复合维生素。

### 5. 水的营养需要

水是鹅维持生命、生长和生产所必需的营养素。水分约占鹅体重的70%。水是进入鹅体一切物质的溶剂，参与物质代谢和营养物质的运输，缓冲体液的突然变化，协助调节体温。

# （二）鹅常用的蛋白质饲料

蛋白质饲料包括植物性蛋白质饲料和动物性蛋白质饲料。植物性蛋白质饲料最常用大豆粕，其干物质中蛋白质含量在45%以上，并含有较多的淀粉和糖类；花生粕，其粗蛋白含量与豆粕相似，适口性较好，是鹅较好的常用蛋白质饲料；棉仁粕、菜籽粕粗蛋白含量低于豆粕，并且含有一定的有毒物质，须经100℃以上高温处理后方可饲用，一般用量不宜超过 10%。动物性蛋白质饲料主要指鱼粉、蚕蛹、虾粉、血粉，其不但蛋白质含量高，还含有特别丰富的赖氨酸、蛋氨酸和色氨酸，并富含钙、磷和维生素。

## （三）鹅常用的能量饲料

谷类及其加工副产品（糠麸）的主要成分是碳水化合物和少量脂肪，是机体能量的主要来源。主要的能量饲料有玉米、高粱、稻谷、碎米、米糠、小麦、麸皮等。

## （四）鹅常用的矿物质饲料

各类饲料都或多或少地含有矿物质，但在一般情况下不能满足鹅的矿物质需要，因此，要用矿物质饲料加以补充，以促进雏鹅的生长发育，提高种鹅的产蛋量。鹅日粮中常用的矿物质补充料有食盐、骨粉、贝壳粉、石粉等。鹅饲料中食盐的用量为：雏鹅用量，占精料的 0.25%~0.3%；成鹅用量，占精料的 0.4%~0.5%。骨粉及磷酸氢钙是钙与磷平衡的矿物质补充料，骨粉用量占日粮的 1%~2.6%，磷酸氢钙的用量占 1%~1.5%。石粉及贝壳粉的主要成分均为碳酸钙，是钙的良好补充料，每千克贝壳粉含钙 200~270 克。雏鹅贝壳粉和石粉的喂量为饲料的 1%，成年母鹅为 5%~7%。另外，沙砾对鹅来说也很重要，其主要作用是帮助鹅的肌胃研磨饲料，提高饲料的消化率。在放牧条件下，鹅群自行采食沙砾，通常不会缺乏。但长期舍饲，应在日粮中加入 1%~2% 的沙砾，或在舍内设沙盘，任其自由采食。

## （五）适合养鹅用的牧草

鹅喜食的青饲料主要有以下几类：青草类（包括禾本科、豆科、菊科、十字花科，如皇竹草、黑麦草、苜蓿、紫云英、聚合草等），叶菜类（如苦荬菜、莴笋叶、空心菜、大白菜、萝卜叶等），水生饲料（水葫芦、水浮莲、水花生、绿萍等），这些青绿饲料新鲜、幼嫩、多汁、易消化、适口性好，都是鹅青饲料的来源。规模化养鹅应建立养鹅人工草地，并注意选择适宜鹅采食、适口性好、耐践踏的品种。适合养鹅用的牧草品种有多年生黑麦草、巴天酸模（鲁梅克斯）、紫草根（俄罗斯饲料菜）、苦荬菜、菊苣、籽粒苋、白三叶等。

## （六）多用青饲料的益处

鹅是喜欢吃青草类的水禽，食谱极广，有"鸭食腥，鹅食青"之说，是说鹅主要食用植物性饲料和矿物质饲料。根据鹅的这一特点，在青绿饲料丰富的季节进行放牧，能够大大降低饲料成本。青饲料中含有丰富的胡萝卜素、B族维生素和微量元素，对于鹅的生长发育、产蛋繁殖及维持鹅体健康均有良好的作用。

不论是放牧养鹅还是圈养鹅，鹅都是以饲喂青粗饲料为主，适当配搭少量精料，以降低生产成本，提高经济效益。当青饲料供应充足时，肉鹅生长发育正常，羽毛整齐、油滑光亮；而青饲料供应不足时，鹅的生长发育受阻，羽毛缺乏光泽，啄毛严重，有的肉鹅背部、尾部几乎全裸，有的被啄得流血或重伤，甚至死亡。青饲料富含维生素，适口性好，含水量多，质地柔软，鹅喜食，其来源广，用于养鹅效益高。因此，养鹅要多用青饲料。

# （七）精饲料补充料的配制

肉鹅的养殖一般采用精饲料和青饲料搭配使用。在养殖过程中，有条件的可以购买肉鹅专用全价饲料，也可以自己配制精饲料。15 日龄以前小鹅最好饲喂小鹅专用全价料，如果当地没有小鹅专用全价料，可以用小鸡配合饲料代替，也可以自配精饲料。小鹅参考精饲料配方：①稻谷 51%，豆粕 25%，糠麸 20%，贝壳粉 2%，磷酸氢钙（或骨粉）1.5%，食盐 0.3%，禽用微量元素添加剂 0.2%。②玉米粉 46%，豆粕 25%，糠麸 25%，贝壳粉 2%，磷酸氢钙（或骨粉）1.5%，食盐 0.3%，禽用微量元素添加剂 0.2%。16~40 日龄中鹅参考精饲料配方：①稻谷 54%，豆粕 20%，糠麸 22%，贝壳粉 2%，磷酸氢钙（或骨粉）1.5%，食盐 0.3%，禽用微量元素添加剂 0.2%。②玉米 50%，豆粕 20%，糠麸 26%，贝壳粉 2%，磷酸氢钙（或骨粉）1.5%，食盐 0.3%，禽用微量元素添加剂 0.2%。40 日龄至出栏肥鹅料参考精配方：玉米 40%，稻谷 25%，豆粕 10%，麸皮 13.5%，米糠 10%，磷酸氢钙（或骨粉）1%，食盐 0.3%，禽用微量元素添加剂 0.2%。青饲料和精饲料的搭配比例，小鹅按 50%∶50%，中鹅按 70%∶30%，40 日龄至出栏肥鹅按 30%∶70%。在饲养过程中，如果不能保证青饲料的供应，又不能进行放牧，则必须在配制精饲料时添加复合多种维生素 200 克 / 吨。

# （八）青饲料的种植

## 1. 苜蓿草的种植

苜蓿草因其粗蛋白含量高，富含矿物质等多种微量元素，其他种类的牧草都无法与其相比，因此被冠以"牧草之王"的美誉。

（1）选地。所选地块要平坦，交通便利，土壤 pH 要小于 8.5。

（2）选种。我国北方要选择抗旱、抗寒、耐盐碱的品种，首选公农一号、二号紫花苜蓿，草原一号、阿尔刚金等亦可。

（3）选时播种。根据气候条件，选择 5 月中旬到 6 月下旬，降雨充沛后播种，抢抓墒情，插后镇压，以利于保墒。

（4）后期的田间管理。

①锄草。对当年的苜蓿要及时锄草、松土，一般出苗后要定期锄草 2~3 次。

②施肥。追加施肥一般用氮肥，一般是在每次割草后施入，每亩地的量控制在 10 千克左右为好。

③灌溉。如果天气很干旱，要适当给青苗浇水，水量根据情况适可而止。对低洼地带要注意排水，以免幼苗被涝死。

④防治病虫害。常见的病害有锈病、白粉病、褐斑病等；虫害多是蚜虫、草地螟、潜叶蝇等，治疗方法是带样本到农药商店向农药师咨询，处理后一般均可治愈。

⑤收割。一般在苜蓿开花初期，开花大约 30% 的时候收割比较适宜。在北方，当年播种的只能收割一次，两年后根据情况可以收割 2~3 次左右。

（5）苜蓿草突出的优点。苜蓿草是当今世界营养价值最高的牧草，其中蛋白质的含量达到 20% 左右，是其他草料达不到的，矿物质含量达到 8%，还有丰富的维生素 A、维生素 E 等。几乎适合所有的草食动物，饲料加入苜蓿草粉后比较蓬松，有助于体内吸收，比吃其他草料长得快。

## 2. 皇竹草的种植

皇竹草是一种优质牧草品种，属于禾本科多年生草本，植株高大，茎秆似竹，由此而得名。皇竹草叶量多，叶质柔软，脆嫩多汁，适口性好，产量高，是牛、马、羊、兔、鹅、鱼等食草动物的优质饲料。皇竹草适应性强，能在多数地区种植。

（1）生物学特性。皇竹草属须根系，株高4~5米，茎粗可达3厘米，节数有20~25个。用茎节作无性繁殖，2—5月均可种植，7~10天出芽。6—10月是皇竹草生长的旺盛季节，11月以后气温降低，生长速度慢。在0℃以上，植株可自然越冬，低于-5℃，地下根茎也能越冬。皇竹草适应性强，喜温暖湿润气候，具有明显的杂种优势，能耐低温，在长期浸渍或干旱的条件下均生长良好，对土质要求不严，酸性、粗沙、黏质、红壤土和轻度盐碱均能生长，以土层深厚、有机质丰富的黏质壤土最为适宜。皇竹草分蘖力强，春季栽培，当年11月单株可分蘖20~35根，分蘖多发生于地表的地下或地上节，刈割后分蘖发生整齐、粗壮。皇竹草叶量多，叶质柔软，茎叶表面刚毛少，脆嫩多汁，粗蛋白含量达18.1%，平均甜度比象草高8.3%。皇竹草有很高的光合效能，肥水条件越高，高产性能就越显著，每亩每年可产鲜草15~25吨，或者每亩每年可产草种（草茎）6~8吨。

（2）种植技术。

①选地与整地。皇竹草对土地要求不严，在平地、坡地、石缝地均能生长。种植前1~2个月整地，整地至少要一犁一耙，需清除杂草。种植时，按行距开种植沟，培育草种的行距为80厘米，培育饲料的行距为70厘米，种植沟深宽约15厘米×20厘米，可直接用犁开沟。

②种植方法。皇竹草用草茎作为草种，2—5月均适宜种植，选用1年生的草茎，每两个茎节砍成1小段。种植时，施足基肥，每亩施复合肥50千克或厩肥400~500千克，均匀地撒在种植沟内。培育草种时，株距50厘米，每亩种植点1 700个，需要草茎约150

千克；培育作饲料，株距30厘米，每亩种植点3 200个，需要草茎6 400节，约280千克。将小段草茎摆放在种植沟内，芽眼朝两侧，盖一层厚5~10厘米的碎土，稍踩实即可。

③田间管理。皇竹草的田间管理主要是除草、松土和施肥。杂草丛生大量吸收水肥，影响皇竹草的生长，第1次除草松土，可在种植1个月后，这时皇竹草开始萌发新芽，选择晴天或阴天进行除草和松土，同时按每蔸施放一小匙（约10克）的碳氨或者尿素。第2次除草，可在种植75天后进行，这时为皇竹草生长最旺盛期，每蔸施放碳氨20克。在培育种苗时，为了避免倒伏，在草蔸周围进行培土。培育作饲料，每次收割后要施肥一次。皇竹草抗逆性强，很少发生病虫害，因此，不需喷药防治，是家禽家畜的安全饲料。

④收割。培育作饲料的皇竹草，种植75天后，草高约1米时，可进行第1次收割，以后每隔45天又可收割1次，1年内可重复收割4次左右，并可多年收割利用。作为鹅的青饲料，将皇竹草粉碎后饲喂可减少浪费。

### 3. 苏丹草的种植

苏丹草属禾本科高粱属，是一年生草本。具有耐肥、耐旱、生长迅速、繁殖力高、分蘖期长、木质化缓慢、适应性强及高产优质等特点。生长期为5~10个月，亩产量一般可达6 000~7 500千克，最高产量可达15 000千克。种苏丹草养鹅具有养殖成本低、养鹅品质好、减少精饲料投入等特点，是抗灾复产的技术措施之一。

（1）整地。利用鱼池埂、坡及闲散土地，整细整平，除尽杂草。

（2）施肥。合理施肥是提高苏丹草产量的主要条件之一。

①基肥。以施用经过发酵的有机肥，如厩肥等为主。一般亩施

基肥 1 500~3 000 千克。酸性红壤土，每亩先加施 40~50 千克石灰。

②追肥。一般是在幼苗期和刈割后追肥。氨肥能增强禾本科植物的分蘖，氮、磷肥配合施用，可增加肥效。1 千克尿素加 2 千克过磷酸钙，可增产苏丹草 300~400 千克。苏丹草在生长期内可刈割 9~11 次，每刈割 1 次需追肥 1 次。一般 1 亩每次施尿素 5 千克或硫酸铵 7.5 千克。

（3）播种。

①播种时间。苏丹草播种时间一般在 4 月上、中旬。以 10 厘米深处的土壤温度达 10~12℃时播种比较合适。

②播种方法。多采用条播，行距 20 厘米左右。播种深度为 3~4 厘米，一般亩用种量为 2~2.5 千克。池坡一般为点播或移栽幼苗。点播株距 20 厘米 ×20 厘米左右，每穴用种 5~6 粒。移栽幼苗的株距 20 厘米 ×20 厘米左右，每兜 2~3 株。

（4）田间管理。

①松土、补种，保证全苗。播种后若地面板结，难以出苗，应及时松土，以利于出苗。凡未出苗或幼苗死掉的地方，应补种或移栽。

②中耕除草。苏丹草幼苗期生长缓慢，不除草易被杂草压死。要在其封行前进行 2~3 次中耕出草，以后每次刈割后，均进行一次中耕除草，疏松土壤。

③追肥。一般在苗期追肥 1~2 次。每次刈割后，追肥一次。

④浇水。苗期缺水时要浇水，每次刈割后，天旱时要浇水。

（5）刈割与利用。

①刈割时期。苏丹草生长至 50~60 厘米时，便可以刈割。80~100 厘米时刈割，其产草量、营养成分高，养鹅效果好。

②刈割留桩高度。苏丹草留桩高度不低于 8~10 厘米。过低，则新茎叶再生缓慢，影响产量。

③留种。留种地初期不刈割，待7—8月结籽后，老根再生幼苗，可刈割2~3次。

④种子收获。同一株苏丹草上的种子成熟是不同步的。主茎上的圆锥花絮较先成熟，以后侧枝上的圆锥花絮渐次成熟。要随熟随收，剪穗晒干、收藏。种子产量每亩约100千克。

### 4. 黑麦草的种植

黑麦草是禾本科黑麦草属植物，全世界有20多种，其中经济价格最高、栽培最广的有两种，即多年生黑麦草和一年生黑麦草。多年生黑麦草原产西欧、北非和西南亚。我国江苏、浙江、湖南、山东等地引种良好，成为牧草生产组合冬春季牧草供应的当家品种，是多种动物冬春季青绿饲料供应的重要牧草。

（1）整地。黑麦草种子细小，播种前需要精细整地，使土地平整、土块细碎，保持良好的土壤水分。应选择土质较肥沃、排灌方便的地方种植，整地时要施足基肥。

（2）播种。多年生黑麦草可春播，亦可秋播。每亩用种1~1.5千克，一般以条播为宜。行距15~20厘米，撒播也可以。复土2~3厘米或铺上一层厩肥。黑麦草或与苜蓿、三叶草等豆科牧草混播。

（3）田间管理。水肥充足是多年生黑麦草发挥生产潜力的关键性措施，施用氮肥效果尤为突出，每次刈割后都应追施人粪尿、牛猪粪尿，每亩200千克为宜，或施尿素每亩7.5千克。黑麦草是需水较多的牧草，在分蘖期、拔节期、抽穗期及每次刈割后均应及时灌溉，保证水分的供应，以提高黑麦草的产量。

（4）收获。刈割，黑麦草刈割的适宜期一般以拔节前0.7米左右高时为好，留茬高度不应低于5厘米，齐地收割对再生不利。一般每年刈割3~5次，亩产鲜草5 000~8 000千克，高的可达10 000~15 000千克。留种时，以收割1~2次后为宜，否则植株高大易倒伏，成熟不一致影响种子饱满。

## 5. 菊苣的种植

菊苣又名咖啡草、咖啡萝卜，为菊科菊苣属多年生草本植物。用途多样，叶可饲喂家畜或食用，根可提炼菊粉等食品工业原料。饲用品种分叶用和根用两种类型，有些品种可兼用。饲用价值很高，适口性非常好，在我国多用来养猪、鹅、鱼及各种家禽，也是饲喂高产奶牛和育肥羊的优质饲草。适应性广，在我国大多数地区皆可种植。水热条件好的地区鲜草产量可达 10 000~15 000 千克 / 亩。

（1）形态特征。肉质轴根粗壮，入土深达 1.5 米；侧根发达，水平或斜向分布。主茎直立，中空，多分枝，营养生长期平均高40 厘米，抽薹开花期可高达 180 厘米。基生叶莲座状，叶片肥厚而大，长 30~46 厘米，宽 8~12 厘米；叶形变化大，羽状分裂至不分裂。茎生叶少数，互生，比基生叶小。茎叶折断后会有白色乳汁流出。头状花序，花浅蓝色。种子楔形，千粒重 1.5 克左右。

（2）生长特性。菊苣喜温暖湿润气候，属半耐寒性植物。适宜生长温度 17~25℃，地上部能耐短期 -2~-1℃ 的低温。轴根抗寒能力较强，在北方冬季用土埋后稍加覆盖，保证霜雪不直接接触根皮，能够安全越冬。耐热，在南方夏季 30℃ 以上高温仍能正常生长。播种当年很少抽薹开花，经过冬季低温，翌年春末开花，花期持续 3 个月，7 月末至 8 月初种子成熟。在南方地区冬季生长缓慢，但不休眠。在北京和山西太原一般 10 月中、下旬停止生长进入休眠，翌年 3 月中下旬返青，6 月开花。

对土质要求不严，在 pH 为 4.5~8 的土壤中均可生长，在 pH 为 6~7.5 的肥沃沙壤土中生长最好，最好避免种在 pH < 5.5 的土壤中。降雨量多的地区，应选坡地或排水良好的平地种植，否则易

发生根腐病。

（3）适宜区域。适应性广，在我国南北方均可种植。南方需选择排水良好、土质疏松的地块种植；北方寒冷地区越冬前需做一定的保护，否则越冬率不高。

（4）品种简介。截至2008年，经全国牧草品种审定委员会审定登记的品种有2个。①普那（Puna），引进品种。抗旱，耐寒，耐盐碱。返青早，再生速度快，适口性好，营养价值高。适于在华北、西北及长江中下游地区栽培。②将军（Commander），引进品种。叶片整齐一致，抽薹期晚。在南方地区饲草产量高。

（5）栽培技术。

①土地准备。菊苣在肥沃疏松的土壤中生长最好，播前应深耕并施足基肥。基肥首选有机肥，用量3~4吨/亩。有机肥不足的地块需补施复合肥。表土要磨细整平，清除杂草。北方直播地块还需镇压使表层土紧实。为方便灌溉，可做成畦田。排水不畅的地块，播前要挖好排水沟，避免雨季积水。

②播种技术。春秋季均可播种。北方多春播，土温高于12℃时可很快出苗；南方以9—11月秋播为宜，也可在3—4月春播。秋播最晚在初霜前6周，否则影响越冬。菊苣可直接播种，深度为0.5~1厘米；也可育苗后移栽，育苗移栽每亩苗床播量500克，苗床与移栽地块面积比例为1:（5~6）。直接播种分为条播和撒播两种方式。条播时行距20~30厘米，播后需镇压，使种子与土壤紧密接触。播后保持土壤湿润，利于种子出苗。撒播多在冬季或早春，种子随降雨进入土壤，气温升高后萌发。可与鸭茅、白三叶等多年生牧草混播，播种量一般为0.4~0.5千克/亩。亦可用于天然草地补播。北方地区早春育苗，南方地区可在早春或秋季育苗。秋季育苗一般在9月。先将苗床灌水，待水全部下渗后，将与细沙土拌匀的种子撒在苗床上，然后在上面撒厚1~2厘米的草木灰。保持苗床湿

润。幼苗长出第 2 片真叶时开始匀苗，苗与苗间距离以 3~7 厘米为宜。土质黏重或用种偏多的苗床，应在幼苗出土时及早匀苗，以免形成纤细的高脚苗。迟栽菊苣因苗龄较长，苗间距离可增到 13 厘米。展开绿叶 3~4 片即可移栽到大田。选择阴雨天气进行移栽，移栽时将叶片切掉 4/5，栽后立即浇水。1 平方米栽种 50 株幼苗为宜。

③水肥管理。菊苣生长期长、产量高，对肥料的需求也高。氮肥的最高用量可达 12 千克 / 亩。播种时施氮肥 2 千克 / 亩做种肥，每次刈割后及返青后追施氮肥 3~4 千克 / 亩。除施有机肥外，缺磷钾地块每年应施有效磷肥（$P_2O_5$）4~8 千克 / 亩、有效钾肥（$K_2O$）4~5 千克 / 亩。磷钾肥播种时多作为基肥，以后可作为秋季追肥。菊苣苗期，为了促进其根系的发育，需适当控制水分，做到田间见湿见干。直根开始膨大后，保证水分的供给，以促进其快速生长。菊苣遇旱易抽薹，旱季需及时灌溉，每次浇水量以湿透表面 10~20 厘米土层为宜。

④杂草防控。菊苣苗期需及时中耕除草或采用单子叶植物除草剂喷施。适用于菊苣的苗后除草剂不多，播前尽量清除杂草有利于控制苗期杂草。低洼易涝地种菊苣烂根现象较常见，故播种前需做好土壤排水。菊苣叶片中含有咖啡酸等生物碱，较少发生病害和虫害。

（6）收获利用。菊苣株高 40~50 厘米时就应及时刈割，留茬高度 5~6 厘米，以后每隔 25~30 天就需刈割一次。菊苣也可以放牧利用，出苗后 80~100 天，轴根已经扎入土中家畜不易拔起时就可以开始放牧。菊苣不耐重牧，需控制放牧强度。菊苣抽薹后生长速度变慢，消化率降低，生产中需注意及时刈割或放牧。北方地区可在初霜前 1 个月刈割一次，霜降后再割一次，以便让根系贮存足够的碳水化合物越冬。菊苣的营养丰富，消化率高，适口性很好，鱼、家禽、家畜都喜食。菊苣既可鲜饲，也可制成草粉或与其他牧草混合后青贮，还富含多种维生素、矿物质元素、生长因子及抗病物质等，对提高畜禽免疫力有很好的效果。

# 八、肉用仔鹅的饲养管理

# （一）雏鹅的挑选和运输

雏鹅应按出壳的时间和体质强弱严格挑选，要求叫声响亮、挣扎迅速有力、毛色光洁、卵黄吸收和脐孔收缩良好；将雏鹅仰翻能很快站起来，对腹大、血脐、大肚脐、跛脚、眼瞎、歪头等弱雏，坚决淘汰；要选择生产性能高的壮年母鹅的后代雏鹅。雏鹅出壳后要尽快运到目的地，一般是出壳的雏鹅绒毛干后立即运输。运输最好用专用纸箱或竹筐。在冬季和早春时节，运输途中应注意保温，经常检查雏鹅动态，防止受热、闷、挤、冻等事故的发生；夏季运输要防止日晒、雨淋，防止雏鹅受热。运输途中不喂食，如果路途较远，运输时间较长，应设法让雏鹅饮水，以免因雏鹅脱水而影响成活率。

# （二）雏鹅饮水与喂料

通常 1~30 日龄称雏鹅。雏鹅一般采用自由采食和自由饮水的饲养方式。雏鹅出壳 24 小时，先开饮后开食。开饮以 25℃的清洁水为宜，加 0.05% 高锰酸钾温热水，自饮 5~10 分钟以消毒胃肠道，随后饮水中再加 5% 葡萄糖和电解多维有利于清理胃肠、刺激食欲、排出胎粪、吸收营养。饮水后即开食。开食时，先喂湿精料后喂青料，这是为了防止因多吃青料少吃精料而拉稀，也可将切细的青料拌半生半熟碎米饲喂。最初 2 天应用熟的爽口不粘嘴米饭和切成细丝的鲜嫩多汁的菜叶按 1:2 比例混合后喂饲，2~3 天后可在熟米饭的基础上掺部分适口性好、不粘嘴的雏鹅料或鸡花料拌湿后喂，并加喂 10% 切碎青草料或嫩青菜叶丝，让其自由啄食。切忌全喂干料，以防雏鹅饱食后因口渴而大量饮水以致腹胀而死亡。饲喂时将饲料撒在浅盆内、篾席上或塑料薄膜上，首次开食不求吃饱，但尽量让每只雏鹅都采食。4日龄前每天喂4~5次，每次吃到8成饱；5日龄后，体内蛋黄逐渐吸收完，消化和采食能力增强，日喂次数可增至6~8次，晚上加喂2次；7日龄内，喂湿雏鹅料或鸡花料及青菜丝，1周后在晴天时进行近距离放牧饲养。

1月龄后的中鹅，每天喂3~4次，晚上加喂中肉鹅料1次，中鹅以放牧为主，补饲为辅。由于雏鹅后期和中鹅阶段生长快，补喂的精料可用专用中肉鹅料，也可以自配精饲料。自配精饲料时应注意加入贝壳粉2%、食盐1%、沙粒1%。随日龄的增长，补喂料次数可逐步减少。鹅是草食水禽，为了满足其生理特性的需要，应多喂青绿多汁饲料，最好用青菜、嫩草切碎喂给，其量可占饲料的70%~80%。如果青料不够，则要在饲料中添加复合维生素，以弥补维生素不足。

## （三）育雏期间分群

育雏期间，应根据其生长发育情况，及时分群。按雏鹅大小、体质强弱、生长快慢合理分群饲养。对生长慢、体质弱的雏鹅，应多给精料和优质草料，细心护理，促进其生长发育，以保证雏鹅生长整齐，提高育雏率。分群一般在7日龄、15日龄、20日龄进行，待其生长赶上群体水平后再合群饲养。每小群以50~60只为宜，经常进行逐群检查，防止雏鹅堆叠造成压死压伤事故。发现病雏要及时挑出隔离治疗，对弱群加强饲养管理。

## （四）育雏期间的饲养管理

### 1. 保温

刚出壳鹅苗，体温调节机能差，既怕冷又怕热，必须实行人工保温。一般需要保温 2~3 周。适宜育雏温度为 1~5 日龄时 27~28℃，6~10 日龄时 24~26℃，11~15 日龄时 22~24℃，16~20 日龄时 20~22℃，20 日龄以后为 18℃。一般 4 周后方可安全脱温，但第 1、第 2 周是关键。养雏鹅必须有相应的加温保暖设备，才能保证雏鹅安全度过育雏关。常用的保暖设备有红外线灯、育雏伞、热风炉、电热棒、煤炉（带烟囱）等。气温适宜时，5~7 日龄便可开始放牧，气温低时则在 10~20 日龄开始放牧。

**2. 控制湿度**

前 10 天应保证相对湿度 60%~65%，10 日龄后，雏鹅体重增加，呼吸量和排粪量也增加，垫草含水量增加，室内易潮湿，此时相对湿度应保持在 55%~60%。栏舍内必须及时清扫干净，勤换垫料、垫草，垫料每两天应更换 1 次，并及时清除粪便，保持室内干燥和环境清洁卫生。

**3. 育雏鹅舍的通风换气**

鹅舍换气时应注意防贼风，避免风直接吹在雏鹅身上，使鹅受凉。鹅舍 2 米高处要留有换气孔。保温的情况下必须注意每天中午温度较高时要通风换气，以排出育雏舍内的水分和氨气。透气窗在冬季及阴雨天时，白天打开，夜间要关闭。

**4. 育雏期间的饲养密度**

雏鹅平面饲养时，1~2 周龄为 15~20 只 / 米²，3 周龄时为 10 只 / 米²，4 周龄时为 5~8 只 / 米²，5 周龄以上时为 3~4 只 / 米²，每群最好不超过 200 只。

### 5.育雏期的光照控制

光照对雏鹅的采食、饮水、运动、发育都很重要。阳光能提高雏鹅的生活力，增进食欲，还能增进某些内分泌的形成，如性激素和甲状腺素的分泌。育雏期雏鹅 1 周龄内需光照 23 小时，2 周龄每天需光照 18 小时，随着日龄的增加，以后每天减少 1 小时，直至自然光照。育雏舍每 20 平方米安装 1 盏 40 瓦灯泡或 7 瓦 LED 灯照明，距地面 1.8 米。如果天气好，5~10 日龄可逐渐增加舍外活动时间，以便直接接触阳光，增加雏鹅的体质。

### 6.雏鹅的适时脱温

一般雏鹅在 4~5 日龄体温调节机能逐渐加强，因此，如果天气好、气温高，在 5~7 日龄时即可逐步脱温，每天中午可让其外出放牧，但早晚还需适当加温，一般到 20 日龄后可以完全脱温。早春和冬季气温低，保温期需延长，一般 15~20 日龄才开始逐步脱温，25~30 日龄才完全脱温。脱温时要注意气温，根据气温变化灵活掌握，切忌忽冷忽热，否则易引起疾病和死亡。

# （五）饲 养 管 理

### 1.肉用仔鹅放牧

仔鹅放牧应选择牧草丰富、草质优良、靠近水源的地方，不放回头牧。鹅群以 300~500 只为宜。放牧初期应对鹅群进行出牧、归牧、下水、休息、缓行等行为的调教，给予相应的信号，使鹅群建立起条件反射，便于放牧管理。一般每天要清晨出牧，中午赶回圈舍或运动场休息，下午再出牧，傍晚回舍。每次吃饱后要缓慢赶鹅下水，使其自由活动，然后休息。以后随日龄增加，放牧场地可由近到远，放牧时间由短到长。遇气候恶劣不能放牧时，可通过饲养员采割卫生新鲜的嫩草、菜叶等补充，保证雏鹅有足够的青料供给。外出放牧时，鹅舍垫草勤换勤晒，保持栏内干燥。中鹅阶段则视牧场饲料状况，在放牧前和放牧后 1 小时左右补喂一些精料，补料一般可置于中鹅运动场，任鹅自由采食。放牧中还要注意牧场不可远离水源，并且防止中毒。仔鹅生长快，需要的营养物质多，除放牧外还应增加一些精饲料和矿物质饲料，以促进骨骼和肌肉生长。每天补饲量，大型鹅每只 150~200 克，中小型鹅每只 100~150 克。如果没有放牧条件，仔鹅也可以圈养，喂给全价配合饲料。

## 2. 肉用仔鹅的肥育

80 日龄选种后余下的仔鹅即可肥育。仔鹅肥育主要是通过限制鹅的活动，喂给高能量饲料，促使鹅快速增重。肥育方法主要有圈养肥育、放牧肥育和强制肥育。

（1）圈养肥育。利用围栏将鹅以小群围在栏内，将饲槽、水槽放在栏外。饲料以玉米面、大麦等碳水化合物饲料为主，补以蛋白质饲料和青绿饲料，规模化养殖一般用商品肥鹅料。每天喂 3~4 次，每次喂完后应该让鹅下水活动片刻，然后令其安静休息以促进消化和肥育。肥育期为 4~5 周。

（2）放牧育肥。利用麦田或稻田收割后的茬地进行放牧，并给以适当的补饲，也可利用秋季野青草籽粒进行放牧。肥育期为 2~3 周。

（3）强制肥育。采用人工填饲育肥，将配合饲料制成填食料，强制填食。这种方法主要用于生产鹅肥肝。

### 3. 肉用仔鹅的防疫驱虫

对疫病采取综合防治措施，确保鹅群健康生长，其原则是早预防、早治疗，以防为主，防治结合。在不同日龄时注射不同的疫苗，定期驱虫、喂药，妥善处理好病死鹅，严防发生疫病传染，发病鹅及时隔离治疗。

（1）坚持全进全出制度。坚持全进全出饲养制度，防止交叉感染，夜间要有人看守，注意温湿度是否适宜，同时注意防鼠害、兽害等。

（2）坚持消毒制度。消毒前应将场地和用具洗刷打扫干净，场地可用 0.5%~1% 百毒杀溶液、3% 漂白粉液、0.5% 高锰酸钾液消毒。

（3）适时免疫接种。鹅免疫程序应根据当地鹅病流行情况和抗体水平的检测情况科学制订。推荐普通免疫程序：①抗小鹅瘟血清 1 日龄接种，皮下注射 0.5 毫升 / 只；14 日龄接种小鹅瘟弱毒疫苗 2 羽份 / 只。②鸭瘟疫苗，雏鹅 7~8 日龄接种鸭瘟疫苗 10 羽份 / 只。③禽流感油乳剂灭活疫苗，小鹅 10 日龄第 1 次注射 0.5 毫升 / 只，中鹅 40 日龄注射 1 毫升 / 只。④禽霍乱疫苗，雏鹅 28 日龄肌注接种 1 次。

（4）注意防治鹅球虫病。17~18 日龄期间，在饲料中交替使用抗球虫药，以防鹅球虫病的发生。用 1%~2% 百毒杀，每周定期对养殖场、鹅舍、用具和带鹅消毒 1 次。

# 九、种鹅的饲养管理

## （一）种鹅生产阶段的划分

种鹅生产阶段一般可分为育雏期、生长期、限制饲养期、产蛋期和休产期。有时将生长期和限制饲养期合在一起叫育成期，休产期又叫维持期。使用了多个产蛋年的种鹅，休产期后又进入下一个产蛋周期。不同阶段，其生理特点、营养需要、管理方式都不一样，种鹅的阶段饲养的理论基础就在于此。不同品种或品系，种鹅的生产周期不同；同一鹅种或品系在不同的地区，特别是纬度差异较大时生产阶段划分也不一样。例如，天府鹅母系的生产周期为：0~3 周龄为育雏期，4~8 周龄为生长期，9~29 周龄为限制饲养期（4~29 周龄又称为育成期），30~65 周龄为产蛋期，66~80 周龄为休产期。

## （二）选择留种雏鹅

为保证种鹅质量和育雏成绩，必须严格选择留种雏鹅，把好第一关。选择符合本品种特征的健雏，出壳时间要正常，活力好，眼有神，被毛有光泽，脐部收缩良好，握在手中挣扎有力，感觉有弹性。一般雏鹅可比计划留种鹅多留 20% 左右，以供选择，公母比例为 1∶4。

## （三）育成期种鹅的饲养管理

中鹅养至 60~70 日龄，经过挑选留作种用，养至性成熟时，称为后备种鹅，又称育成期种鹅。后备种鹅处于生长发育和换羽阶段，要满足其营养物质的需要。因此，不能过早粗饲，应经过一定时期的舍饲至第 2 次换羽结束，才可由精料逐步过渡到粗饲，并转入粗饲期。这个时期饲养上可分为 3 个阶段：早期 1~1.5 个月，以舍饲为主，结合放牧，并每天饲喂 3 次；中期 2~3 个月，以放牧为主，每天饲喂 1~2 次，应酌情补料；后期 20~30 天，这个时期应开始增加精料，减少粗料，每天饲喂 2~3 次。这样，经过放牧粗饲，既防止早熟，使母鹅不能开产过早，又能锻炼耐粗饲能力，节省精饲料，降低成本。如果用混合饲料饲养，要求日粮粗蛋白水平为 15%，代谢能为 12.12 兆焦 / 千克。在管理上，要保持舍内外环境清洁和垫草干爽，供水充足，在疫病流行地区，种鹅要在开产前一个月预防接种。

## （四）后备种鹅的限制饲养

限制饲养是保障种鹅发挥产蛋性能的关键技术，从 70 日龄至产前 2 个月开始控制体重可节省饲料并有效防止种鹅过大过肥，使其具有适合产蛋的体况，能够适时达到性成熟，从而提高饲养种鹅的经济效益。依据后备期种鹅生长发育的特点，将后备期分为生长阶段、公母分饲及控料阶段和恢复饲养阶段。应根据每个阶段的特点，采取相应的饲养管理措施，进行限制饲养。

（1）生长阶段。此阶段为 70 日龄到 100 日龄。该阶段需要较多的营养物质，不宜过早进行粗放饲养，应根据放牧场地草质的好坏，逐渐减少补饲的次数，并逐步降低补饲日粮的营养水平。此阶段若采取全舍饲并饲喂全价配合饲料，日粮营养水平为：代谢能 10.5~11 兆焦 / 千克，粗蛋白 14% ~15%。

（2）公母分饲及控料阶段。此阶段一般从 100~120 日龄开始至开产前 50~60 天结束。公母鹅的生理特点不同，生长差异较大，因此，这一阶段应对种鹅进行公母分饲、控制饲养，使之适时达到开产日龄，比较整齐一致地进入产蛋期。后备种鹅的控制饲养方法主要有2种：一种是减少补饲的饲喂量，实行定量饲喂；另一种是控制饲料的质量，降低日粮的营养水平。以放牧为主的种鹅，大多数采用后者。在控料阶段应逐步降低日粮的营养水平，必须限制精料的饲喂量，强化放牧。精料由喂3次改为2次，当地牧草茂盛时则补喂1次，最后逐渐停止补饲，使母鹅体重增加缓慢，消化系统得到充分发育，同时换生新羽，生殖系统也逐步发育成熟。精料用量可比生长阶段减少50%~60%。饲料中可添加较多的填充粗料如米糠、曲酒糟等，目的是锻炼种鹅的消化能力，扩大食道容量。控制饲养阶段，无论给食次数多少，补料时间应在放牧前2小时左右，以防止种鹅因放牧前饱食而不采食青草；也可在放牧后2小时补饲，以免养成种鹅收牧后有精料采食便急于回巢而不大量采食青草的坏习惯。采用舍饲方式时，最好给后备种鹅饲喂配合饲料，日粮营养水平为：代谢能10~10.5兆焦／千克，粗蛋白12%~14%。

（3）恢复饲养阶段。经控制饲养的种鹅，应在开产前60天左右进入恢复饲养阶段。此时种鹅的体质较弱，应逐步提高补饲日粮的营养水平，并增加喂料量和饲喂次数。日粮代谢能为11~11.5兆焦／千克，蛋白质水平控制在15%~17%为宜。舍饲的种鹅群还应注意日粮中营养物质的平衡。这时的补饲只定时，但不定料、不定量，做到饲料多样化，青饲料充足，增加日粮中钙质含量，经20天左右的饲养，使种鹅的体质得以迅速恢复，种鹅的体重可恢复到控制饲养前期的水平，促进生殖器官发育，并为产蛋积累营养物质。此阶段种鹅开始陆续换羽，为了使种鹅换羽整齐、缩短换羽时间、节约饲料，可在种鹅体重恢复后进行人工强制换羽，即人为地拔除主翼羽和副主翼羽。拔羽后应加强饲养管理，适当增加喂料量。后备公鹅的精料补饲应提早进行，公鹅人工拔羽可比母鹅早2周左右开始，促进其提早换羽，以便在母鹅开产前已有充沛的体力、旺盛的食欲。开产前人工强制换羽，可使后备种鹅能整齐一致地进入产蛋期。在后备期一般只利用自然光照，如在下半年，由于日照短，恢复生长阶段要开始人工补充光照时间，通过6周左右的时间，逐渐增加光照总时数，使之在开产时达到每天16~17小时（针对北方鹅种）。南方灰鹅是短日照鹅种，下半年短日照有利于开产，不需要补充光照。后备种鹅饲养后期时，应将公鹅放入母鹅群中，使之相互熟识亲近，以提高受精率。种鹅群仍要加强放牧，但种鹅群即将进入产蛋期，体大，行动迟缓，故而放牧时不可急赶久赶，放牧距离应渐渐缩短。

## （五）种鹅产蛋期的饲养管理

经过2个月左右的恢复饲养，当种母鹅体重增加、换出新羽且羽毛十分光滑时，说明即将开产。北方种母鹅产蛋一般集中在2—6月，南方灰鹅产蛋一般集中在2—9月，此期应加强饲养管理。产蛋期的种母鹅以舍饲精料为主，要在日粮中逐步增加精料和青绿饲料的喂量，注意适时补充矿物质。由于种母鹅在产蛋期以舍饲为主、放牧为辅，加之其多于早晨产蛋，为了让种母鹅在舍内产蛋，早上放牧不宜过早，要待产蛋基本结束后再开始放牧。在种母鹅产蛋的中前期，不要让其过肥，且喂料要定时、定量，先精料、后青料，分3~4次饲喂。青料可不定时喂，鹅舍内还应经常放一些矿物质饲料，任种母鹅自由采食。种母鹅进入产蛋高峰期后，食欲旺盛、采食量大增，此时必须增加精饲料的喂量，饲料中还要添加适量蛋氨酸以提高种母鹅的产蛋率，并供给充足饮水。在日常管理中，鹅舍要经常打扫，做好防寒防暑和鹅舍通风工作，保持适宜的饲养密度，保证饮水充足、垫草干燥。在种母鹅产蛋期要勤捡蛋，注意种蛋的保存，保证产蛋鹅舍安静。为了保证冬季种母鹅持续稳定高产，必须做到以下四点：一是防寒保暖，保证鹅舍温度不低于10℃。二是北方鹅人为补充光照，从11月开始，每天保证13小时的光照，以后每隔1周增加0.5小时的光照，直至16小时的光照为止，光照强度以每平方米3瓦为宜；南方鹅在产蛋期保持11小时的光照，不需要增加。三是提高饲料营养水平，冬季种母鹅要依靠热能御寒，故日粮中要增加碳水化合物和脂肪的含量，并且晚上要补饲1次。四是加强室外活动，冬季种母鹅以舍饲为主，活动量减少，故在晴天中午要保证鹅群能在室外运动场上多晒太阳、多活动。另外，为了提高种母鹅的性欲和种蛋的受精率，应增加种公鹅、种母鹅在水中的活动机会。

# 十、鹅肥肝及羽绒生产

# （一）鹅肥肝生产

## 1. 适合生产鹅肥肝的鹅品种

品种是影响肥肝生产的关键因素，不同鹅种肥肝生产性能差异很大。多数欧洲鹅种，颈粗短，体型大，填饲方便，肥肝性能好，但繁殖力低。世界著名的肥肝专用鹅品种为法国的朗德鹅，广泛应用于世界各国的肥肝生产中。我国鹅品种资源十分丰富，大型、中型和小型的鹅种均有，有利于选择提高和杂交利用。大型鹅种产肝性能好，但繁殖力较低，而繁殖力高的品种往往体型不大，肥肝性能不大，肥肝品质欠佳。国外的肥肝生产已从纯种生产逐渐发展为品种或品系间杂交，利用杂种鹅生产肥肝，通常采用产肝性能好的大型鹅种作为父本，繁殖力高的鹅种为母本，以获得肥肝性能好、生产力强、数量更多的杂交商品鹅用于肥肝生产。法国利用朗德鹅与莱茵鹅、图卢兹鹅与玛瑟布鹅杂交，匈牙利利用朗德鹅与莱茵鹅杂交，显著提高了肥肝性能和繁殖能力。我国多数鹅种体型较小，利用杂交生产鹅肥肝势在必行，目前一般选用大型鹅种狮头鹅或者国外产肝性能好的朗德鹅为父本，与产蛋量高的四川白鹅等杂交配套，杂种鹅的肥肝性能均优于母鹅种，表明利用杂种鹅生产鹅肥肝是提高我国肥肝生产水平的有效途径。生产实践中通常选用体躯长、胸腹部大而深、体质健壮、颈粗而短、80日龄以上完成体成熟生长阶段的鹅进行填饲。此时的"鹅坯子"消化系统和体躯有一定容积，在填饲期中死残率较低，填喂效果也较好。

## 2. 填饲饲养的技术要点

（1）预饲期的管理。

①预饲期的饲料配方。玉米粒是主要的饲料，占 50%~70%（其中整粒 65%、碎粒 35%），小麦、大麦和稻谷等的喂量不超过 40%，豆饼（或花生饼）为 15%~20%，鱼粉或骨肉粉为 5%~10%。为扩大鹅的食道，可大量饲喂青绿饲料。在保证鹅摄食足量混合饲料的前提下，供应给大量的适口性好的新鲜青饲料，减少填饲伤残率。

②预饲期的饲喂次数。青饲料日喂 2 次，混合料日喂 3 次。另外，将骨粉 3%、食盐 0.5%、沙砾 1%~2% 混合于精料中饲喂。同时为了帮助消化，可在 100 千克饲料中加入 10 克维生素 B 或酵母片。

（2）填喂期的管理。

①栏舍安排。整个填喂期均在栏舍内饲养。栏舍要求清洁干燥、通风良好、安静舒适。不能放牧、放水，有时可在栏舍边的小运动场活动、休息。

②填喂饲料的调制。

浸泡法：将玉米粒放入冷水中浸泡 8~12 小时，沥干水分，加入 0.5%~1% 的动（植）物油脂和 0.5%~1% 的食盐，拌匀。

水煮法：将玉米粒倒入沸水中煮 3~5 分钟，沥去水分，然后加入占玉米重量 1%~2% 的猪油和 0.3%~1% 的食盐，充分拌匀，待温凉后供填饲用。

干炒法：将玉米粒翻炒至 8 分熟。填饲前用热水浸泡 1~1.5 小时，沥干后加 0.5%~1% 的食盐及油脂，拌匀。

③填喂方法。手工填饲人员用左手握住鹅头，并用食指和拇指打开喙，右手将玉米粒塞入口腔内，并由上而下将玉米粒捋向食道膨大部位，直至距咽喉约 5 厘米即可。

机械填饲一般需要 2 个人配合操作。助手用双手将鹅固定好，填饲员坐在填饲机前，左手抓住鹅头，同时用左手的食指和拇指挤压喙基部两侧，使喙张开，右手食指伸入口腔内压住舌基部，让填饲管插入口腔内，沿咽喉、食道一直插到食道膨大部位。填饲员右脚踩填饲开关踏板，螺旋推运器运转后，玉米从填饲管中向食道膨大部位推送，填饲员左手仍固定鹅头，右手触摸食道膨大部位，等玉米填满后，边填料边退出填饲管，重复操作直到距咽喉约 5 厘米时停止。右脚松开脚踏开关，关机停喂。填饲员用右手闭住鹅嘴，并将颈部垂直地向上拉，不让饲料进入喉头，再用左手食指和拇指将饲料向下捋 3~4 次。

④填喂次数和填喂量。填喂期限为 30~32 天。在填饲前 3 天每天填喂 2 次，以便让鹅适应。3 天后每天可增加到 3 次，一般 10 天后可增加到 4~6 次。填饲时每次间隔时间最好相等。在安排时间间隔时，也可以把白天的填喂间隔缩短些（如缩短 0.5~1 小时），晚上的间隔放长些，方便工人的工作安排。每次每只填 50~100 克，每天 200 克左右，适应后每天每只可填 600~800 克。在每次填饲前，必须逐只检查上次填饲的饲料是否已经消化，若嗉囊中有停食现象，则应停填饲 1 次，下次再填饲。

（3）适时屠宰。填饲一定时期后，鹅群出现成熟特征：体态肥胖，腹部下垂，两眼无神，精神萎靡，呼吸急促，行动迟缓，步态蹒跚，跛行，甚至瘫痪，羽毛潮湿且零乱，出现积食和腹泻等消化不良症状，此时鹅肥肝已成熟，停止填饲 6 小时后就可宰杀取肝。注意观察鹅群成熟 1 批，屠宰 1 批。

### 3. 获取鹅肥肝的方法

在填饲结束后，填饲成熟的鹅要送到屠宰场集中宰杀取肝。如用车辆运输，应把鹅放在运输笼中，每笼放 4 只，笼里要多铺垫草，决不能将鹅放在车中运输，否则车子启动后，鹅堆集一起，会造成大批死亡，车辆的颠簸也会使鹅腹腔的肥肝受损瘀血。因此，无论装车还是卸车，操作都要轻捉轻放，避免一些不必要的损失。

（1）宰杀方法。

①放血、控血。抓住鹅的双腿，倒挂在宰杀架上，头部朝下，采用人工割断气管的方式放血，时间为5分钟左右，待血流完后再控一段时间，控净为好。充分放血后的屠体皮肤白而软，肥肝色泽正常；放血不净，皮肤色泽暗红，肥肝瘀血，影响质量。放血之后要立即浸烫，水温要适宜，一般为65~70℃，时间大约1分钟。水温不能过高，时间不能过长，否则脱毛时皮肤破损，影响肥肝质量；水温过低不易拔毛。脱毛采用人工拔毛，拔毛时将屠体放在桌上，趁热先将鹅颈、蹼和喙表皮择去，然后左手固定屠体，右手依次拔翅羽、背尾羽、颈羽和胸腹部羽毛，手工不易拔净的纤羽，可用酒精喷灯火焰燎除，最后将屠体清洗干净。

②预冷。由于肥肝脂肪含量高，非常软嫩，内脏温度未降下来就取肝脏容易抓坏肝脏。因此将屠体置于温度4~10℃的冷库中预冷18小时，使其干燥，脂肪凝结，内脏变硬而不冻结，才有利于取肝。

（2）取肝方法。用刀沿龙骨后缘横向从右向左割开腹部皮脂，用左手伸入腹腔，挑起腹腔，刀刃向上，自左向右割开腹腔，注意不要把肝脏割破。继而两侧刀口扩大至双翅基部，然后把鹅屠体移至桌边，背腰部紧贴在桌边棱角上，左手按住双腿和腹部，右手按住胸部，两手同时用力下压，屠体立即掰开，肥肝和其他脏器全部裸露。接着将肥肝剥离，取出肥肝。

## 4.肥肝的处理、分级及包装方法

取出的肥肝应适当整修。用小刀切除肥肝上的瘀血、出血斑和破损部分，然后将肥肝放入0.9%的盐水中浸泡10分钟，捞出后沥干水分，放在清洁盘上，盘底部铺上油纸，连盘带肥肝一起放入冷库，0~3℃冷藏 2~4 小时，然后称量分级。肥肝主要从重量、新鲜度和感官评定进行分级。优级肝的重量为 600~900 克，外观红色或浅蓝色，无血斑和损伤；一级肝的重量为 350~600 克（不含 600 克），色泽浅黄或粉红色，无血斑和损伤；二级肝的重量为 250~350 克（不含 350 克），色泽较深，允许有少量血斑；三级肝的重量为 150~250 克（不含 250 克）；重量在 150 克以下的为等外肝。肝有肿块、病变、苍白、带血斑或质硬的，应废弃。肥肝可生产鲜制品和冷冻品。鲜制品包装装箱时，将小碎冰块先铺上一层，加上一层油纸，然后放一层肝，每箱肝重不超过 20 千克，0~4℃可保存 3 天。注意不能让肥肝冷冻，以免肝组织改变。冷冻制品应先把肥肝放入温度为 -20~-18℃的冷库里速冻，分级后按等级进行包装和装箱，一般每箱重量为 10 千克。根据肥肝大小，先用塑料袋（无毒）进行小包装。每袋装 2~3 个，再将小包装集中装箱，存放在冷库中。冷冻肥肝在 -20~-18℃冷库中可保存 2~3 个月，不可长期贮存。

# （二）羽绒生产

## 1. 适合羽绒生产的鹅品种

各品种鹅都可活拔羽绒，但以肉用品种更为适宜，因为肉用品种鹅体型大、产毛多。适宜活拔羽绒的品种有四川白鹅、皖西白鹅、浙东白鹅、淑浦鹅、雁鹅和狮头鹅等。各种羽色的鹅均可活拔羽绒，但以白色为佳，白色羽绒经济价值高，有色羽价格低。饲养 5 年以上的老鹅不宜用来活拔羽绒，这种老鹅生产力低，新陈代谢弱，羽绒再生力差，即使用来拔羽绒，因羽绒生产周期长，产量少，质量低，经济效益不高。体质健壮的鹅，新陈代谢旺盛，抗病力强，羽绒拔取后再生快，产量高，品质好；体弱有病的鹅，抗病力差，拔取羽绒后，易感染各种疾病，有时甚至会引起死亡，不宜活拔羽绒。换羽期间的鹅因血管非常丰富，含绒量少，又极易拔破皮肤，所以处于换羽期的鹅不宜拔羽绒。

## 2. 活拔羽绒

活拔羽绒是在不影响产肉、产蛋性能的前提下，拔取鹅活体的羽绒来提高经济效益的一项生产技术。活拔羽绒是根据鹅羽绒的再生性和自然脱落性，利用人工技术从活鹅身上拔取羽绒，以改变过去一次性宰杀烫褪取毛的方法，使羽绒产量成倍增长。人工活拔的羽绒飞丝少、含杂质少、蓬松度高、无硬梗、柔软性好、色泽纯正及品质优良，最适合用于加工制作高级羽绒制品。

（1）活拔羽绒的适宜时期。后备鹅 90~120 日龄羽绒长齐，可进行第 1 次拔羽绒，之后一般间隔 45 天拔 1 次；成年公鹅可常年拔羽 7~8 次；商品仔鹅上市前或强制填肥肝前拔羽绒 1 次；选留的后备种鹅在 90~100 日龄，羽绒长齐时进行第 1 次拔羽绒。种鹅休产期，无论是后备鹅还是休产鹅，都应掌握好最后一次活拔羽绒的时间，与母鹅开始进入产蛋期之间至少应有 50 天左右的时间间隔，以便让母鹅有充分的时间补充营养，恢复体力，长齐羽毛，不致使母鹅的繁殖性能受到影响。从绒羽长度和拔绒量等综合指标评定，拔羽间隔时间一般为 45~50 天（饲养管理条件好的间隔 45 天）为宜，这时羽绒基本生长成熟，羽绒质量好，产绒量高。拔羽时间间隔过短，拔羽绒量少，绒羽质量差，但是过分拉长时间间隔，又会降低拔羽次数，造成总拔羽绒量的减少，在后备种鹅和种鹅休产期拔羽绒 2~3 次为宜。在产蛋期拔羽绒会影响种鹅产蛋，因此在产蛋期不能活拔羽绒。淘汰种鹅先拔羽绒后再育肥上市。

（2）活拔羽绒的操作。

①活拔羽绒的准备。

a. 天气选择。雨天或气温降低时拔羽绒容易诱发鹅生病，不利于鹅恢复，所以最好选择在晴朗天气拔羽绒。

b. 场地选择。场地应背风，以免拔下的羽绒被风吹得四处飞扬，还应保持清洁卫生，无灰尘，最好在水泥地面的室内进行。若无上述条件，也可在地面铺垫塑料膜，以防止羽绒飞散到地面受尘土污染。

c. 用品准备。装毛绒的塑料袋，拔羽绒过程中发生皮肤破伤时要用的红药水、药棉和酒精，给鹅灌服的52°白酒，操作人员的围裙或工作服、口罩、帽子等。

d. 停食停水。活拔羽绒的前一天应停食，只供给饮水。活拔羽绒的当天应停止饮水，以防粪便污染羽绒和操作人员的衣服。

e. 清洗鹅体。对羽绒不清洁的鹅，在拔羽绒的前一天应让其戏水或人工清洗，去掉鹅身上的污物。对羽毛湿淋淋的鹅，要待羽绒干后再拔取。

f. 灌服白酒。鹅在第1次活拔羽绒时常产生恐惧感，在拔羽绒前10分钟前用注射器套塑料胶管将白酒注入鹅的食道，根据鹅的体重每只灌服10~15毫升，可使鹅保持安静，毛囊扩张，皮肤松弛，拔取容易。

②活拔羽绒的操作方法。常规保定，保定操作者坐在凳子上，用绳捆住鹅的双脚，将鹅头朝操作者，背置于操作者腿上，用双腿夹住鹅只，然后开始拔毛。此法容易掌握，较为常用。卧地式保定，操作者坐在凳子上，右手抓鹅颈，左手抓住鹅的两脚，将鹅伏着横放在操作者前的地面上，左脚踩在鹅颈肩交界处，然后活拔毛。卧地式保定牢靠，但掌握不好，易使鹅受伤。半站立式保定，操作者坐在凳子上，用手抓住鹅颈上部，使鹅呈站立姿势，用双脚踩在鹅只两脚的趾和喙上面（也可踩鹅只的两翅），使鹅体向操作

者前倾，然后开始拔毛。此法比较省力、安全。活拔部位除头、双翅及尾以外的其他部位都能拔取羽毛。

拔羽的顺序是先胸腹部，经颈下转向两肋，然后背部。可先拔片羽后拔绒羽，也可混合拔。以拇指、食指和中指捏住羽绒拔，用力要均匀，迅猛快速，所捏羽绒宁少勿多，拔片羽时 1 次拔 2~3 根为宜。拔绒朵时，手指要紧贴皮肤，捏住绒朵基部拔，以免拔断而成为飞丝，降低绒羽的质量。拔羽方向顺拔和逆拔均可，但以顺拔为主，因为鹅的毛片大多数是倾斜生长的，顺拔不会损伤毛囊组织，有利于羽绒再生。所拔部位的羽绒要尽可能拔干净，要防止拔断而使羽干留在鹅只皮肤内，影响新羽绒的长出，减少拔羽绒量。

### 3. 活拔羽绒后的饲养管理

活拔羽绒对鹅体是一个很强的外界刺激，常常引起生理机能的暂时紊乱，如精神不佳、站立不稳、愿站不愿睡、胆小怕人、食欲减退等。为保证鹅的健康，使其尽早恢复羽绒的生长，要创造良好的环境条件，加强饲养管理。鹅在活拔羽绒后皮肤裸露，3 天内不要让其在阳光下暴晒。由于身体没有羽绒保护，5~7 天不要让鹅下水，如皮肤破伤，应待伤口愈合后再下水。活拔羽绒后的公母鹅应分开饲养，以防交配时公鹅踩伤母鹅。舍内应保持清洁，干燥防湿，最好铺以柔软干净的垫料。夏季要防止蚊虫叮咬，冬季注意保暖防寒。为了加快羽绒的生长，拔羽绒后的最初一段时间内应多喂一些精料，如在饲料中加入 1% ~2% 的水解羽毛粉等蛋白质饲料，或者在饲料中添加 0.1%~0.2% 的蛋氨酸则能更好地满足羽毛生长所需的营养物质。

# 十一、鹅病防治

# （一）鹅 病 分 类

根据鹅的发病原因，可将鹅病分为传染性疾病和非传染性疾病两大类。传染性疾病是由病原微生物引起的一大类疾病，又可分为病毒性疾病、细菌性疾病和寄生虫病。非传染性疾病又称普通病，包括营养代谢病、中毒病、遗传病、与管理因素有关的疾病、外科病及肿瘤病等。肉鹅的养殖期短，营养要求也不高，因此营养性的问题通过饲料基本都可解决，主要需要预防的是病毒病、细菌病。

# （二）通过环境控制预防传染病

病的传染是传染源经过一定的传播途径引起易感动物发病，因此采取以下措施就可以做到控制疫病传播：①远离或消灭传染源。远离传染源，除了鹅只外，也包括养殖和管理等可能接触到鹅群或鹅群用品、设施的人。如果已接触到，就应彻底消毒。没有传染源，就不可能引发疫病。②切断传播途径。对外出归来的车辆、人员进行消毒，对水源、地面、用具及时清洁消毒，防止饲料、青草等携带传染源，隔离已感染的个体。③增强动物的抗病力。良好的体质有助于抵抗疫病，控制好饲料、环境、用药，使雏鹅健壮也有利于疫病预防。

# （三）通过疫苗和药物预防传染病

肉鹅的病毒病目前主要有小鹅瘟、禽流感、鸭瘟、副粘病毒病等，这些病都有疫苗。根据当地鹅群传染病的流行情况，制订科学合理的免疫程序，通过正确的免疫接种可以有效地预防病毒病。病毒病的特点是发病后无特效药，因此防治病毒病应以疫苗预防为主。肉鹅的细菌病主要是大肠杆菌病、浆膜炎、霍乱、白痢等，常常因环境较差诱发。多数细菌病可用药物治疗，但容易反复，控制细菌病应着重加强环境消毒控制、水体污染控制，适时投放微生态制剂或药物预防。

## （四）正确使用疫苗

疫苗预防时，应充分注意以下事项才能保证防疫成功。

（1）疫苗在有效期内，运输、保存环境正常，不会对疫苗造成破坏，对于曾经解冻的活弱毒疫苗和已经分离的油剂疫苗禁止使用。

（2）注射时间合理。活苗注射时必须保证体内的母源抗体已降到适当水平，不会干扰疫苗产生抗体，免疫时鹅只机体健康，无免疫抑制性疫病。如果是二次免疫，还应注意时间间隔。

（3）配制、注射过程科学。油剂疫苗在注射时温度应达25℃左右室温。弱毒冻干疫苗为现配现用，配制过程中不加入影响疫苗效果的抗生素，未发生污染等现象，疫苗配制后在2小时内用完。

（4）注射效果。注射部位准确，一般冻干疫苗肌肉注射，常用部位为胸肌、腿肌；油剂疫苗皮下注射，常用部位是颈部或胸部皮下。多种疫苗同时使用时，应分点注射，不能出现漏打鹅只或漏针水、剂量不足的现象。

（5）注射疫苗期间鹅群的科学管理。注射病毒苗或灭活苗前1天和后2天投放抗生素和多种维生素可减轻鹅只接种疫苗的应激，注射8小时以内禁止鹅下水，防止针孔感染。

# （五）肉鹅常见传染病的防治

## 1. 鹅流感

鹅流感是流感病毒引起的鹅只发生全身性或呼吸器官性的传染病。主要为 A 型禽流感病毒。该病一年四季都有可能发生，以冬春季最常见。天气变化大，相对湿度高时发病率较高。各龄期的鹅都会感染。发病时鹅群中先有几只出现症状，1~2 天后波及全群。

（1）临床症状。病仔鹅废食，离群，羽毛松乱，呼吸困难，眼眶湿润；下痢，排绿色粪便；出现跛行、扭颈等神经症状；干脚脱水，头部、颈部明显肿胀，眼睑、结膜充血出血，舌头出血。育成期鹅和种鹅也会感染，但其危害性要小一些。病鹅生长停滞，精神不振，嗜睡，肿头，眼眶湿润，眼睑充血或高度水肿向外突出呈金鱼眼样子，病程长的仅表现出单侧或双侧眼睑结膜混浊，不能康复。发病的种鹅产蛋率、受精率均急剧下降，畸形蛋增多。

（2）病理变化。头部肿大的病例，可见头部及下颌皮下呈胶冻样水肿。眼结膜充血、出血，颈上段肌肉出血，鼻黏膜充血、出血，鼻腔充满血样黏性分泌物。严重病例可见腺胃分泌物增多，腺胃与肌胃交界处有出血点或出血带；十二指肠充血、出血，有溃疡；心冠脂肪和心肌有出血点，心肌出现灰白色坏死斑，心内膜有出血。

（3）预防。①禁止从疫区引种。正常的引种要做好隔离检疫工作，引进的种鹅隔离观察 5~7 天，淘汰盲眼、红眼、精神不振、步态不正常、排绿色粪便的个体。②鹅群接种禽流感灭活疫苗。种鹅群每年春秋季各接种 1 次，每次每只接种 1~1.5 毫升；仔鹅 10~15 日龄每只首次免疫接种 0.5 毫升，25~30 日龄每只再接种 1~1.5 毫升，可取得良好的效果。③避免鹅、鸭、鸡混养和串栏。禽流感有种间传播的可能性，应引起注意。④栏舍、场地、水上运动场、用具、孵化设备要定期消毒，保持清洁卫生。水上运动场以流动水最好。水塘、场地可用生石灰消毒，平时隔 7 天消毒 1 次，有疫情时隔 3 天消毒 1 次；用具、孵化设备可用福尔马林熏蒸消毒或百毒杀喷雾消毒；产蛋房的垫料要常换、消毒。

（4）治疗。①高免血清疗法：肌肉或皮下注射禽流感高免血清，小鹅每只 2 毫升、大鹅每只 3 毫升，对发病初期的病鹅效果显著，见效快；注射高免蛋黄液效果也好，但见效稍慢。②抗生素配合使用解热镇痛药和维生素，可缓解症状，减少死亡。③中药疗法：中药煎水给鹅群饮用，对禽流感的预防和治疗有较好的效果。饮水前鹅群先停水 2 小时，再把中药液投于饮水器中供饮用 6 小时，每天 1 次，连用 3 天。

## 2. 鹅副黏病毒病

鹅副黏病毒病是由鹅副黏病毒引起的各种年龄鹅的一种急性病毒性传染病。病毒的抵抗力不强，干燥、日光等容易使病毒死亡，常用消毒药如 2% 的氢氧化钠 3 分钟就能将病毒杀灭。本病没有明显的季节性，各品种的鹅都可感染，日龄越小对病毒越敏感。本病经消化道和呼吸道传染，病鹅的唾液、鼻液和粪便污染饲料、饮水、垫料等可引起发病。

（1）临床症状。初期病鹅精神沉郁，食欲减退或废绝，但饮水增加。患鹅脚软，离群，不愿下水，下痢，拉白色或灰白色稀粪，随病情发展，排出黄色、暗红色的水样粪便。后期，部分鹅出现阵发性神经症状，扭颈、转圈等。部分鹅出现甩头、咳嗽、啰音等，产蛋率下降。

（2）病理变化。肝脏肿大，质地较硬，表面有灰黄色坏死灶；

117

脾脏瘀血肿大，表面和切面有灰白色的坏死灶；胰腺肿胀出血，表面有坏死点或坏死斑；肠黏膜表面有黄白色结节，出血、坏死、溃疡和结痂等。部分病例在食管下段黏膜有灰白色的纤维性结痂，腺胃及肌胃黏膜充血和出血。个别患鹅腺胃黏膜有大小不等的坏死性溃疡。心肌变性，胸肌、腿肌出血，皮下脂肪出血，喉气管黏膜出血，肺出血。

（3）预防。有母源抗体的雏鹅初次免疫在7~10日龄，用鹅副黏病毒油乳剂灭活苗，颈部皮下注射0.5毫升/只。留种的鹅群在7~10日龄进行首次免疫，2月龄时进行第2次免疫，产蛋前2周进行第3次免疫，母鹅产完"第二造"蛋时进行第4次免疫。

（4）治疗。增加营养，改善管理，在饲料中加入维生素B和维生素C；注射鹅副黏病毒灭活疫苗，但治疗效果不明显。

### 3. 鹅细小病毒病

又称小鹅瘟，是由病毒引起的小鹅的一种急性、亚急性、高接触性传染病。病毒对环境的抵抗力较强，在中性生理盐水中不凝集动物的红细胞。本病多发于出壳后3~25日龄的雏鹅，日龄越小，易感性越高。患病的雏鹅是主要的传染源，其分泌物污染饲料、饮水、垫料等，通过消化道传播给健康鹅。流行有明显的季节性，但却会因各地种鹅产蛋季节、育雏习惯及母鹅群免疫程度的不同有所差异。不同地区雏鹅发病时间有迟早，但一般以"第二造"蛋孵出的雏鹅发病率和死亡率最高。

（1）临床症状。

①最急性型。多见于一周以内的雏鹅，没有明显的症状突然死亡，有的仅在死亡前表现精神症状。患鹅衰竭倒地，两脚前后摆动，最后死亡。

②急性型。常见于15日龄左右的小鹅。患鹅精神沉郁，缩颈

闭目，行走困难；食欲不振，饮水增加；严重下痢；呼吸困难；临死前出现抽搐等神经症状；后期体温下降，死亡。

③亚急性型。多发于流行后期和2周龄以上的患鹅，症状较轻。精神委顿，消瘦，行动迟缓，站立不稳，拉稀，生长发育受阻。

（2）病理变化。

①最急性型。小肠前段黏膜肿胀、充血和出血，在黏膜表面覆盖大量浓厚淡黄色黏液。

②急性型。肠管扩张，肠腔内含有绿色稀薄液体，混有黄绿色食物碎屑，但黏膜无可见病变。小肠肠管膨大，质地坚实，形如腊肠，膨大部的肠腔内充满灰白色或淡黄色凝固的栓子状物，栓子状物切面可见中心为深褐色干燥的肠内容物。肝脏肿大，表面光滑，质地变脆，呈紫红色或暗红色。

③亚急性型。肠道栓子的病变更加典型。

（3）预防。

①成年鹅群。一是在产蛋前5天左右，如仔鹅群已免疫过，每只鹅用5羽份小鹅瘟疫苗进行第2次免疫，保护期可达5个月；如仔鹅群没有免疫过，按常规量免疫，保护期为100天。二是种鹅群在产蛋前，用种鹅活疫苗1羽份皮下或肌肉注射，另一侧肌肉注射小鹅瘟疫苗1羽份，免疫后对15天至5个月内产的蛋出炕的雏鹅具有较高的保护率。三是鹅群仅在产蛋前用种鹅活疫苗免疫1次，在第1次免疫后100~120天用2~5羽份剂量再次免疫，可使雏鹅群的保护期延长3~5个月。

②雏鹅群。未经小鹅瘟疫苗免疫种鹅的后代雏鹅，在出壳后1~2天内用雏鹅活疫苗皮下注射免疫。免疫后7天内需隔离饲养，防止在未产生免疫力之前因野外强毒感染而引起发病。7天后雏鹅产生免疫力，基本上可以抵抗鹅细小病毒强毒的感染。

各种抗生素对本病均无治疗作用。

## 4. 鸭瘟

本病是由鸭瘟病毒引起的一种急性、热性和败血性传染病。该病毒对热和普通的消毒液都敏感，在1%~3%碱性钠溶液、10%~20%漂白粉混悬液和5%甲醇溶液中均能较快死亡。

（1）流行特点。各品种、性别和年龄的鹅均可感染。雏鹅尤为敏感，但以15~20日龄幼鹅最易感染，死亡率也高。本病发生和流行无明显季节性，但以春夏之际和秋冬季流行最为严重，呈地方性流行或散发。

（2）临床症状。发病初期，病鹅精神委顿，缩颈垂翅，行走困难，食欲减少，渴欲增加；体温高达43℃以上，高热稽留，全身体表温度增高，尤其是头部和翅膀最明显。病鹅畏光，流泪，眼睑水肿，眼睑周围羽毛沾湿或有脓性分泌物，将眼睑粘连，甚至眼角形成出血性小溃疡。部分鹅头颈部肿胀，从鼻腔流出浆液性或黏液性分泌物。呼吸困难，叫声嘶哑，下痢，排出灰白色或绿色稀便；肛门周围的羽毛沾污并结块，泄殖腔黏膜充血、出血、水肿，严重者黏膜外翻，可见黏膜面覆盖一层不易剥离的黄色假膜。发病后期体温下降，病鹅极度衰竭死亡。少数鹅幸存，一般生长发育不良。

（3）病理变化。皮下组织发生不同程度的炎性水肿；在头颈部肿大的病例，皮下组织有淡黄色胶冻样浸润；口腔黏膜主要是舌根、咽部和上腭部黏膜表面常有淡黄褐色假膜覆盖，剥离黏膜表面常露出鲜红的溃疡。食道黏膜的病变具有特征性，外观有纵行排列的灰黄色假膜覆盖或散在的血点，假膜易剥离，刮落后留有大小不等的出血性溃疡。有时腺胃与食道膨大部的交界处或与肌胃的交界处常见有灰黄色坏死带或出血带，腺胃黏膜与肌胃角膜下层充血或出血。

整个肠道发生急性卡他性炎症，以小肠和直肠最严重，肠集合淋巴滤泡肿大或坏死。泄殖腔黏膜表面有出血斑点和覆盖着一层不易剥离的黄绿色坏死结痂或溃疡。腔上黏膜充血、出血，后期常见有黄白色凝固的渗出物。心内外膜有出血斑，心血凝固不全，气管黏膜充血，有时可见肺充血或出血、水肿。肝脏早期有出血斑点，后期出现大小不等的灰黄色的坏死灶，并有出血点。

（4）预防。目前，本病尚无特效治疗药物。

①不从疫区引进种鹅或肉鹅，需要引进经严格检疫后再引进。引进的鹅应隔离饲养一段时间，经检疫观察无病后，方能混群饲养。

②饲养的鹅群不与发生鸭瘟的鸭、鹅接触，避免鹅鸭共养或共同饲用被鸭瘟病毒污染的饲料和饮水，尽量少放牧，圈养可以减少感染机会。

③加强饲养管理，严格执行卫生消毒制度，定期用2%的火碱、0.5%的百毒杀等消毒。

④使用疫苗进行免疫接种。目前有鸡胚化鸭瘟弱毒疫苗和大鹅瘟苗。注意使用鸡胚化鸭瘟弱毒疫苗时，剂量应是鸭的5~10倍，种鹅一般按15~20倍接种。

## 5. 鹅痘

鹅痘是曲鹅痘病毒引起鹅只发生痘病变为特征的一种高度接触性传染病。该病毒对外界环境自然因素抵抗力相当强，可以长时间生存，1%醋酸和0.1%升汞可于5~10分钟内杀死病毒，甲醛溶液熏蒸1.5小时也可杀死。该病一年四季均可发生，尤其见于秋冬季节，传播途径主要是皮肤和黏膜的伤口，蚊子也能传播病毒。

（1）临床症状。患鹅最初在鬐、喙和腿部皮肤出现小的白色水疱，后逐步增大为灰白色或黄褐色的小结节，有时形成大结痂，剥去痂，露出出血病灶。

（2）病理变化。没有其他病菌并发感染的情况下，除了典型的痘病变，其他器官无肉眼可见的变化。

（3）防治。在鹅痘流行发生的区域或鹅群，除了加强鹅群的卫生管理等预防措施外，可应用鸡痘活疫苗、鸽痘活疫苗或鹌鹑化活疫苗进行免疫接种，能有效地预防本病的流行发生。

目前，治疗鹅痘还没有特效药物，通常是采用一些对症疗法，以减轻症状及防止并发症的发生。一般将病鹅隔离，消毒鹅舍场地和用具，患鹅的痘疹用洁净的镊子小心剥离，伤口涂擦碘酊、红药水或甲紫药水。

## 6. 传染性法氏囊病

鹅传染性法氏囊病是由传染性法氏囊病毒引起的一种急性、高度接触性传染病。本病的主要传染源是病鹅和隐性感染鹅，通过呼吸道、消化道、眼结膜均可感染。本病一旦发生便迅速传播，发病率高，有明显的死亡高峰。

（1）临床症状。病鹅精神萎靡不振，羽毛松乱，少食或废食，饮水增加，低头发抖，排米汤样稀便，肛门周围的羽毛常被粪便污染，个别鹅有啄自己肛门的现象。严重者瘫卧在地，最后虚脱而死。

（2）病理变化。病死鹅脱水，眼球下陷。胸肌和两腿外侧肌肉有条索状或斑点状出血。法氏囊肿大、发黄，浆膜水肿，严重时呈黄色胶冻样。切开法氏囊，有散在的出血斑点，腔内有的充满混浊的黏液或干酪样渗出物。肾脏肿大、苍白，有尿酸盐沉积。腺胃黏膜有时有出血点，腺胃与肌胃交界处有出血斑或出血带。病愈后鹅的法氏囊萎缩变小甚至消失。

（3）诊断。鹅传染性法氏囊病可根据流行病学和法氏囊的典型病变初步确诊。诊断分析过程中注意与新城疫、磺胺类药物中毒、霉菌毒素中毒引起的出血综合征相区别。

（4）防治。鹅传染性法氏囊病没有特效的治疗药物。主要预防措施是接种疫苗，同时做好日常卫生消毒工作。

### 7.雏鹅鸭病毒性肝炎

鸭病毒性肝炎是一种传播迅速、发病急、致死率高的传染病。该病毒对外界抵抗力较强。在饲养管理不当、舍内潮湿、密度大、维生素缺乏时可引发此病。主要传播途径是接触传染，可通过呼吸道、空气、饲料、饮水传染。其特点是侵害雏鹅、雏鸭、雏鸟，并致其肝脏典型病变，对禽类生产和健康是一种危害。常在天气变化、气温低时突然发病。

（1）临床症状。大多数病鹅在 2 周内发病，食欲减退，精神委顿，行走迟缓，眼闭昏睡，粪便稀薄带有黄白色，严重者两腿痉挛、抽搐，来不及治疗就死亡。

（2）预防。可在出壳 4~16 小时内接种病毒肝炎疫苗；定期饮服消毒药，清除肠道病毒传播途径；入雏 1 周内喂 1 个疗程的肠道消炎药，并加入维生素 C，提高抵抗力；做好饲养管理，减少冷刺激；喂 1 个疗程的抗病毒药，如中草药、病毒唑等，防止早期感染。

（3）治疗。彻底清刷料槽、水槽，喷雾消毒，病鹅用百毒杀消毒液（按 1 : 2 000 比例）消毒。

初发时可注射卵黄抗体或高免血清。

### 8.大肠杆菌病

由致病性大肠杆菌引起的一种急性传染病，俗称"蛋子瘟"。本病的病原体为致病性大肠埃希氏菌。大肠杆菌对外界环境的抵抗力不强，一般的消毒药物在短时间内能将其杀死。大肠杆菌在自然界中广泛分布，也存在于健康鹅和其他禽类的肠道中，当饲养管理不当、气候突变、严重寄生虫感染等而使机体抵抗力降低时，即可引起感染发病。

（1）临床症状。

①急性败血型。各种年龄的鹅都可发生，但以7~45日龄的鹅较易感。病鹅精神沉郁，羽毛松乱，怕冷，常挤成一堆，不断尖叫，体温升高，比正常鹅高1~2℃。粪便稀薄而恶臭，混有血丝、血块和气泡，肛周沾满粪便，食欲废绝，渴欲增加，呼吸困难，最后衰竭窒息而死，死亡率较高。

②母鹅大肠杆菌性生殖器官病。母鹅在产蛋后不久，部分产蛋母鹅表现精神不振，食欲减退，不愿走动，喜卧，常在水面漂浮或离群独处，气喘，站立不稳，头向下弯曲，嘴触地，腹部膨大。排黄白色稀便，肛门周围沾有污秽发臭的排泄物，其中混有蛋清、凝固的蛋白或卵黄小块。病鹅眼球下陷，喙、蹼干燥，消瘦，呈现脱水症状，最后因衰竭而死亡。即使有少数鹅能自然康复，也不能恢复产蛋。

③公鹅大肠杆菌性生殖器官病。主要表现阴茎红肿、溃疡或结节。病情严重的，阴茎表面布满绿豆粒大小的坏死灶，剥去痂块即露出溃疡灶，阴茎无法收回，丧失交配能力。

（2）病理变化。

败血型病例主要表现为纤维素性心包炎、气囊炎、肝周炎。成年母鹅的特征性病变为卵黄性腹膜炎，腹腔内有少量淡黄色腥臭浑浊的液体，常混有损坏的卵黄，各内脏表面覆盖有淡黄色凝固的纤维素渗出物，肠系膜互相粘连，肠浆膜上有小出血点。公鹅的病变仅局限于外生殖器，阴茎红肿，上有坏死灶和结痂。

（3）防治。

①消除不良因素。保持鹅舍的清洁卫生、通风良好、密度适宜，加强饲养管理和消毒等。

②免疫接种。由于致病性大肠埃希氏菌的血清型很多，因此，应使用多价大肠杆菌苗进行预防。母鹅产蛋前15天，每只肌肉注射1毫升，然后将其所产的蛋留做种用。雏鹅7~10日龄接种，每只皮下注射0.5毫升。

③药物治疗。可用环丙沙星进行预防和治疗。

## 9. 鸭疫里默氏杆菌病

鹅的鸭疫里默氏杆菌病在某些养鹅区广泛流行，给养鹅业造成了很大的威胁。病原是鸭疫里默氏杆菌。该病主要侵害2~5周龄雏鹅。多发生于低温、阴雨和潮湿的冬春季节，主要经呼吸道和损伤的脚蹼皮肤伤口感染。

（1）临床症状。

①最急性型。病鹅一般无症状突然死亡。

②急性型。病鹅闭目嗜睡，精神沉郁，食欲减退，独处；缩颈，歪颈，头颈震颤；腿乏力，行动迟缓，共济失调；流泪，眼眶周围绒毛湿润并粘连，鼻腔内充满浆液性分泌物；死前出现神经症状，如摇头、点头、角弓反张等。

③亚急性或慢性型。多发生于日龄稍大的雏鹅，主要表现精神沉郁，食欲下降，两腿无力，并出现神经症状。

（2）病理变化。肝脏肿大，颜色为灰白色，表面覆盖一层灰白色的纤维素性薄膜，易剥离；心包液增多，心包膜可见一层黄白色纤维素性渗出物；气囊浑浊增厚，气囊腔附有灰白色纤维素性渗出物；脾脏肿大，表面附有纤维素性薄膜。出现神经症状的，可见脑膜充血、出血，脑膜上边有纤维素性渗出物附着。

（3）防治。鸭疫里默氏杆菌病易产生耐药性，在进行药物治疗的过程中，应做药敏试验，以确定首选的敏感药物。本病的发生与鹅舍内潮湿、通风换气不良有很大关系，为了有效预防本病的发生，平时应加强饲养管理，搞好环境卫生，减少各种应激因素。

## 10. 巴氏杆菌病

鹅巴氏杆菌病又称鹅霍乱，是由多杀性巴氏杆菌引起的接触性传染病。多杀性巴氏杆菌的禽型菌株，对一般的消毒药物敏感，对热抵抗力不强。本病流行于世界各地，无明显的季节性，一年四季均可发生。本病发生后，同种和不同种的畜禽间都可互相传染。本病传播途径广泛，可通过污染的饮水、饲料、用具等经消化道或呼吸道及损伤的皮肤黏膜等传染。成鹅发病较幼鹅多。

（1）临床症状。

①发病初期。病鹅一般无前期症状，晚上采食正常，第2天即发现死亡；有时病鹅表现突然不安，倒地后仰，扑动双翅很快死亡。

②发病中期。病鹅精神委顿，离群、嗜睡，不爱下水；食欲下降，饮欲增强；体温升高到41.5~43℃；张口呼吸，由口鼻中流出黄灰绿色黏液；排出绿色灰白色或淡绿色恶臭稀粪。一般出现临床症状2~3天即死亡。

③发病后期。病鹅持续性出血性下痢，消瘦、贫血，有些发生关节肿胀，表现跛行，行走不便，切开肿胀部位有豆腐渣样渗出物。

（2）病理变化。

①发病初期。急性死亡病例：可见眼结膜充血、发绀，浆膜小点出血，心外膜和心冠脂肪有出血点，肝脏表面有很细微的黄白色坏死灶。

②发病中期。死亡病例：眼结膜发绀，心外膜及心冠脂肪有出血斑点，心包液增多，为淡黄色透明状液体；肝脏肿胀，质脆，表

面有针尖状出血点和灰白色坏死灶，胆囊肿大；肠管黏膜充血、出血，有的呈卡他性炎；肺气肿、出血；呼吸道黏膜严重充血、出血；肾出血性病变。

③发病后期。病鹅关节肿胀，关节囊壁增厚，关节腔内有暗红色混浊的黏稠状液体，有的有干酪样物质，肝脏表面有少量灰白色坏死灶。

（3）防治。

①预防。使用禽霍乱氢氧化铝甲醛疫苗，2月龄以上鹅，每次肌肉注射2毫升/只，2次免疫间隔8~10天，免疫效果较好。使用禽霍乱弱毒疫苗，肌肉注射1毫升（约含10亿活菌）/只，免疫期可达半年。

②治疗。通常选用阿米卡星、磺胺噻唑进行治疗，也可选用青霉素、土霉素进行治疗。阿米卡星肌肉注射，用量为20毫克/千克，每天2次，5天为1个疗程；磺胺噻唑粉剂，用量为0.3克/千克，首量加倍，每天3次，内服时配等量的 $NaHCO_3$。

## 11. 沙门氏菌病

又称鹅副伤寒，是各种家禽都发生的常见传染病，主要危害幼鹅，呈急性或亚急性经过，成年鹅呈慢性或隐性经过。病原主要为鹅白痢沙门氏菌。该病病原抵抗力不强，60℃15分钟失去致病性，普通消毒药能很快使之灭活。但该菌在土壤、粪便和水中能生存很长时间，最多达280天之久。该菌毒素较耐热，75℃1小时仍不能灭活。

（1）临床症状。经蛋垂直传染的雏鹅，在出壳后数天内很快死亡，无明显症状。出壳后感染的雏鹅，表现食欲不振、口渴、腹泻，粪便呈稀粥样或水样，常混有气泡，呈黄绿色；肛门周围被粪便污染，干涸后封闭泄殖腔，导致排粪困难；眼结膜发炎、流泪、眼睑水肿、半开半闭；鼻流浆液性或黏液性分泌物；腿软、呆立、嗜睡、缩颈闭目、翅膀下垂、羽毛蓬松；呼吸困难，常张口呼吸。多在病后 2~5 天内死亡。成年鹅无明显症状，呈隐性经过。

（2）病理变化。主要病变在肝脏，肝肿大、充血、表面色泽不均，呈黄色斑点，肝实质内有细小灰黄色坏死灶（副伤寒结节）；胆囊肿大，充满胆汁；肠黏膜充血、出血、淋巴滤泡肿胀，常突出于肠黏膜表面，盲肠内有白色豆腐样物；有时有卵巢、输卵管、腹膜的炎性变化。

（3）防治。预防本病最主要的方法是保持种鹅健康，慢性病鹅必须淘汰。孵化前对种蛋和孵化器进行严格消毒。雏鹅与成年鹅分开饲养，并做好卫生消毒及饲养管理工作。对发病的雏鹅群可进行药物治疗和预防，常用药物有：氯霉素，肌肉注射 12~15 毫克 / 只，或以 0.05%~0.1% 浓度混料饲喂，连用 3~5 天。环丙沙星或诺氟沙星，按 0.05%~0.1% 混料饲喂，连喂 3 天。或诺氟沙星片半粒 / 只口服，连用 3 天。鲜大蒜捣烂，按 1 份大蒜加 5 份清水，制汁内服，即可预防，也可治疗。

## 12. 葡萄球菌病

葡萄球菌病是由金黄色葡萄球菌引起的有多种临床表现的急性或慢性疾病，主要为关节炎、脐炎、腹膜炎、脚垫肿及皮肤疾患，可造成死亡，是鹅的一种常见病。本病的病原体是金黄色葡萄球菌。在不产生芽孢的细菌中，葡萄球菌对外界的抵抗力是最强的，60℃ 30~60 分钟或 80℃ 10~30 分钟才能将其杀死，煮沸后迅速死亡。3%~5% 石炭酸在 3~15 分钟内、75% 酒精在 5~10 分钟内可将其杀死。

（1）临床症状。

①急性败血型。病鹅精神沉郁，食欲减退，低头缩颈呆立，胸

腹部、大腿内侧皮下浮肿，滞留数量不等的血样渗出液，严重者可自然破溃，流出棕红色液体。

②慢性关节炎型。跗、趾关节发炎肿胀，表面呈紫黑色，有时结成黑色痂。病鹅运动障碍，跛行，一般仍有饮食欲。

③脐炎型。多见于 1~3 日龄雏鹅，病鹅怕冷，腹部膨大，脐部肿胀发炎，局部呈黄红色或紫黑色，质稍硬，偶尔出现分泌物。多于出壳后 2~4 天死亡。

④趾瘤病型。多发于成年或重型种鹅，由于体重过大，脚部皮肤龟裂而造成感染，表现为脚部发炎，增生，导致肿胀、化脓，变坚硬。

⑤眼型。上下眼睑肿胀，由于分泌物的作用使眼睑闭合，严重可导致失明。

⑥肺型。通过呼吸道感染而发病，主要表现呼吸困难等。

（2）病理变化。

①急性败血型。病鹅肝脏肿大，呈紫红色，有花斑样变化，有时可见出血点或坏死点；脾脏肿大有坏死点；有些病例肺出现黑红色。

②慢性关节炎型。可见患病关节肿胀处皮下水肿，关节液增多，滑膜增厚，充血或出血，关节囊内有浆液或纤维素性渗出物。

③脐炎型。脐部有暗红色或黄红色液体，时间久出现脓样干涸坏死物，卵黄吸收不良，稀薄如水。

（3）防治。

①用百毒杀消毒液对鹅舍、用具及饲养环境等进行彻底消毒，每天 1 次，连用 7 大。

②用氟苯尼考粉兑水，进行全群投药，每天 2 次，连用 5 天。对发病严重的病鹅肌肉注射硫酸庆大霉素 3 000 单位 / 千克，每天 3 次，连用 7 天。

③对局部损伤的感染，用碘酊棉擦洗病变部位，以加速局部愈合吸收。

## 13. 慢性呼吸道病

又叫支原体病，是由鹅致病性支原体引起的传染病。支原体对环境抵抗力较弱，常规消毒药能将其迅速杀死。

（1）临床症状。病初可见一侧或两侧眶下窦部位肿胀，形成隆起的鼓包，触之有波动感。随着病程的发展，肿胀部位变硬，鼻腔发炎，从鼻孔内流出浆液或黏液性分泌物，病鹅常甩头；眼内积蓄浆液或黏液性分泌物，病程较长者，双眼失明。死亡较少，常能自愈，但生长发育缓慢，鹅肉品质下降，产蛋率下降。

（2）病理变化。眶下窦内，常见充满浆液或黏液性分泌物，窦腔黏膜充血增厚，有的蓄积多量坏死性干酪样物质；气囊壁浑浊、肿胀、增厚；结膜囊和鼻腔内有黏性分泌物。

（3）防治。

①加强饲养管理，做好舍内清洁卫生、防寒保温及通风换气工作，防止地面过度潮湿及饲养密度过大等。

②实行"全进全出"制，空舍后用 5% 氢氧化钠或 1∶100 的菌毒灭等严格消毒。日常严格检疫，及时淘汰或隔离。

③疫区内的新生雏鹅可采用以下药物防治：泰乐菌素按 500 毫克 / 升拌水混饮，连用 3~5 天；恩诺沙星按 25~75 毫克 / 升拌水混饮，连用 3~5 天；复方氟苯尼考可溶性粉按 100~200 毫克 / 升拌水混饮，连用 3~5 天；盐酸环丙沙星可溶性粉按 500 毫克 / 升拌水混饮或 100 克 /100 千克饲料混饲，连用 3~5 天；吉他霉素预混剂按 10~30 克 /100 千克饲料混饲，连用 5~7 天。

## 14. 鹅球虫病

鹅球虫病是由不同种类的球虫引起鹅（尤其是幼鹅）的一种原虫病。鹅球虫分属于艾美耳和泰泽两个属，共 15 种，其中 14 种寄生于肠道，1 种寄生于肾脏。发生最多、危害性最大的是寄生于肾小管上皮的截形艾美耳球虫和寄生于肠道的鹅艾美耳球虫。截形艾美耳球虫卵囊卵圆形，囊壁平滑，有卵膜孔和极帽；鹅艾美耳球虫卵囊呈梨形，无色。

（1）临床症状与病理变化

症状与病变可分为肠型球虫病和肾型球虫病两类。

①肠型球虫病。由多种寄生于鹅肠道球虫引起，主要表现为腹泻和血便，病鹅精神差、厌食，羽毛蓬乱，下水极易浸润。病变可见出血性、卡他性肠炎，小肠后段黏膜增厚、出血、糜烂，回肠段和直肠中段覆盖有糠麸样假膜，假膜内含大量球虫卵囊。

②肾型球虫病。病鹅活动缓慢、无力，食欲、精神减退，排白色稀便，翅下垂，目光呆滞，眼球凹陷，最后衰弱而死。幸存鹅歪头扭颈，步态摇晃或仰卧在地。病变可见肾肿大，颜色变为黄色或灰红色，肾表面有针尖大灰白色病灶或出血斑。在灰白色病灶内含有白色尿酸盐和大量卵囊。

（2）防治。及时清除粪便，更换垫料，保持鹅舍的清洁、干燥是预防球虫病的重要措施。粪便应堆积发酵，用过的垫料应消毒或销毁。雏鹅与成鹅应分开饲养。

药物防治。氯苯胍，按 80 毫克／千克饲料混饲，连用 10 天。盐霉素，按 0.006％混饲；用预混剂时则按 0.06％~0.07％混饲。磺胺 –6 甲氧嘧啶（制菌磺），按 0.05％混饲，连喂 3~5 天。

### 15. 鹅住白细胞虫病

鹅住白细胞虫病又名住白虫病、白细胞孢子病，是由西氏住白细胞原虫侵入鹅只血液和内脏器官的组织细胞而引起的一种原虫病。

（1）临床症状。雏鹅发病较急，体温升高，精神委顿，食欲消失，饮欲增加，虚弱，贫血；下痢，粪便呈淡黄绿色；运动失调，走路困难，摇摆不稳，呼吸急促，流泪，眼睑粘连。

（2）病理变化。尸体消瘦，肌肉苍白，肝、脾肿大，呈淡黄色，无光。消化道黏膜充血，心包积液，心肌松弛，色苍白。全身性皮下出血，肌肉有大小不等的出血点，并出现小结节。

（3）防治。消灭中间宿主，可用 0.2% 的敌百虫喷洒。避免幼鹅和成年鹅混养。治疗药物可选用磺胺二甲基嘧啶、复方新诺明等。

### 16. 绦虫病

鹅的绦虫病流行范围极为广泛，在一些养鹅区可以引起地方性流行。其病原体主要是矛形剑带绦虫。矛形剑带绦虫的虫体呈带状，新鲜虫体灰黄色。中间宿主是各种剑水蚤。

（1）临床症状。患鹅精神沉郁，出现消化机能障碍，渴感增强，食欲不振。排出灰白色或淡绿色粪便，并混有黏液和长短不一的虫体孕卵节片。

（2）病理变化。小肠黏膜发炎、充血、水肿。幼鹅时当虫体大量积聚时，可造成肠管阻塞、肠扭转，甚至肠破裂。此外，也可见到脾、肝和胆囊增大。

（3）防治。及时给成年鹅进行彻底驱虫，以杜绝中间宿主接触病原。定期给幼鹅进行驱虫（1月龄内驱虫1次，放到水塘后经半个月进行一次成虫期驱虫），坚持每天清除粪便，进行生物热处理。

# （六）肉鹅常见普通病的防治

## 1. 维生素 A 缺乏症

维生素 A 缺乏可引起鹅黏膜上皮角化变性、生长障碍，以干眼症和夜盲症为特征的营养代谢病。

（1）病因。母鹅的日粮中缺乏，吸收不良，各种因素导致饲料中的维生素 A 被破坏等。

（2）临床症状。雏鹅精神委顿，食欲不振，生长停滞，呼吸困难，鼻流黏液，运动无力，眼结膜发炎，上下眼睑黏合。成年鹅表现为呼吸道、消化道抵抗力下降，易感染细菌和病毒。母鹅产蛋下降。

（3）病理变化。主要以消化管黏膜上皮角质化为特征。鼻腔、口腔等有白色小结节，随后会形成假膜；肾为灰白色，肿大，肾小管充满白色尿酸盐。

（4）防治。合理的饲料配方，尽量采用新鲜饲料喂鹅，当发病时应尽快添加正常需要量 3~5 倍的维生素 A。眼部有肿胀时，可挤出眼内物质，然后用 3% 硼酸溶液冲洗。

## 2. 鹅痛风

本病是由尿酸盐异常蓄积导致的，特点是内脏和骨关节腔出现尿酸盐沉积。

（1）病因。日粮中长期含蛋白和嘌呤碱过高，以及在维生素缺乏的情况下造成氨基酸不平衡；肾功能不全或损害；饲料中含钙或镁过高；可能由某种病毒引起。

（2）临床症状。内脏痛风又称为内脏尿酸盐沉着，其特征为尿

133

酸盐在肾脏、心脏、肝脏、肠系膜、气囊和腹膜的浆膜表面沉着。该病严重时，肌肉、腱鞘即关节表面也受侵害。异常的沉着还可以发生在肝脏和脾脏中。在浆膜表面的沉着，眼观呈白色套膜，而在内脏中的沉积只有用显微镜才能看到。内脏的尿酸盐沉积一般是由于排尿衰竭、输尿管阻塞、肾脏损伤或脱水引起。

关节痛风的特征是在关节周围，特别是在脚部关节形成痛风石，即尿酸盐沉着，这些关节肿大变形。剖开这些关节时，关节的周边组织由于尿酸盐沉积而呈白色，关节腔内可见半液状的尿酸盐沉着，在肾脏疾病和关节痛风但没有内脏尿酸盐沉积的病例中，血液中尿酸盐水平升高。

（3）病理变化。肝脏肿大，心包、气囊可见腹膜和腹腔内所有脏器表面覆盖一层石灰样薄膜，刮下镜检，见到许多针尖大小尿酸盐结晶；两肾肿大，突起，输尿管扩张呈索状，内有石灰样沉积物；肠黏膜广泛性出血，尤以十二指肠明显；直肠因肛门糊住不能排便，积有大量宿便，粗如手指，其他脏器无肉眼可见变化。

（4）防治。及时发现并挑出病鹅，多喂些青绿饲料，并在充足饮水中加入适量的高锰酸钾或 5% 的食用碱，促进体内尿酸盐排出。

停止使用肉用雏鸡饲料，降低日粮中蛋白质的含量。鹅本是食草禽，在饲养过程中以青饲料为主，其他高能量、高蛋白饲料为辅。大量使用高蛋白（特别是动物性蛋白）的饲料，会导致代谢障碍。

增加日粮中多种维生素（特别是维生素 A）的含量，供给充足的新鲜青饲料和饮水。配制日粮时，注意添加维生素 A、维生素 D 和维生素 $B_2$。

调整日粮中矿物质特别是钙和磷的含量。高钙也会引起肾脏病和内脏痛风。

保持鹅舍及放牧环境的良好，避免氨等有害气体的危害，不用或少用对肾脏功能有损害的药物。

做好其他疾病的预防接种工作，防止其他疾病的发生。

## 3. 黄曲霉毒素中毒

由于鹅采食了发霉饲料中的黄曲霉毒素引起的霉菌性中毒症。

（1）病因。鹅吃了被黄曲霉毒素污染的饲料。

（2）临床症状。急性病例无症状而死亡。病程稍长的，最初食欲减少或丧失，精神委顿，走路不稳，跛行，排黄绿色水样粪便，带泡沫，后肢皮下出血，皮肤为白色的鹅后肢皮肤呈紫红色，种鹅产蛋量明显减少，消瘦；雏鹅生长缓慢，脱毛，常发生大批死亡，死时角弓反张。

（3）病理变化。皮下胶样浸润，眼和蹼皮下出血及肝脏病变。1周龄左右黄曲霉毒素中毒病患鹅拱背和尾下垂。雏鹅常见肝脏肿大，灰黄色，肾苍白肿大，或有小点出血。3周龄以上的中鹅肝脏病变明显，肝苍白，萎缩与肝硬变。在较大的鹅见肝肿大、发黄、质脆，此外，尚可见心包积液和腹水，肾肿胀出血与胰脏出血。病程长者，则肝实质见有结节状增生。

（4）防治。不喂发霉的饲料。尽可能防止饲料发霉，把饲料保存于干燥通风处，经常翻晒。发现中毒立即停喂质量可疑的饲料，供给充足的青绿饲料和维生素A，必要时投予盐类泻剂，排除肠道内的毒素。病鹅粪便中含毒素，应彻底清除冲洗，以防继续中毒。

## 4. 磺胺类药物中毒

磺胺类药物是临床治疗鹅细菌性疾病和球虫病的常用药物。若用药过量或持续大量用药、用药期过长，会引起急、慢性中毒，雏鹅更为敏感。

（1）临床症状。急性中毒主要表现为鹅不安，厌食，腹泻，痉挛、共济失调、麻痹等症状。

慢性中毒病鹅精神沉郁，食欲减少或消失，渴欲增加；贫血、黄疸；有的头部局部性肿胀，皮肤呈蓝紫色，翅下有皮疹；便秘或腹泻，粪便呈酱油色，并发生多发性神经炎和全身出血性变化。产蛋鹅产蛋下降。

（2）病理变化。皮下有大小不等的斑状出血，胸部肌内弥漫性或刷状出血，腿肌斑状出血；血液稀薄，凝固不良。肌肉苍白或呈淡黄色，骨髓黄染。肝脏肿大瘀血，呈紫红色或黄褐色，表面有出血斑点，或坏死灶。胆肿大，充满胆汁。肾脏肿大，呈土黄色，表面有紫红色出血斑。输尿管增粗，充满白色尿酸盐。腺胃和肌胃下有出血点，角质膜老化易剥离，十二指肠黏膜出血，盲肠内充有咖啡色内容物。脑膜水肿、充血，心外膜出血，心包积液。

（3）防治。选用磺胺类药物时要注意其适应症，严格掌握用药剂量及用药时间，特别是雏鹅或体弱者应谨慎，产蛋鹅尽量避免使用。磺胺类药物使用一般不得超过1周，拌料、饮水搅拌要均匀，同时在用药期间适当补充维生素饲料或多种维生素，特别是维生素K制剂。某些制剂在使用时应配合等量的碳酸氢钠，同时供给充足的饮水。

使用磺胺类药配合抗菌增效剂，抗菌效果提高，用药量减少，中毒机会减少。一旦发生磺胺类药物中毒，应立即停药，尽量多饮水，并饮服1%~5%的碳酸氢钠溶液。肾肿、尿酸盐沉积的病例，可使用消肾肿、促进尿酸排泄制剂。

# 十二、养鹅水体污染控制

## （一）养鹅水体污染的原因

南方鹅种必须在水中才能很好地完成交配活动从而达到较高的种蛋受精率。正常情况下每只鹅平均占用水面 1~1.5 米 $^2$ 为宜，当养殖密度加大、水塘又不能经常更新水体时，水体逐渐富营养化，再加上鹅群排出粪尿污染水体，提高了水体氮、磷等营养物质含量，水质很快恶化。同时鹅只也会向水体中大量排泄肠道微生物，其中有许多是有害细菌如大肠杆菌和沙门氏菌等革兰氏阴性菌。这些细菌利用水体中丰富的氮、磷等营养物质大量滋生增殖，从而使水体严重污染。

## （二）污染水体对种鹅的危害

鹅作为一种大型的水禽，除了正常的饲料供给和饮用人工提供饮水外，还会在下水时饮用池塘水。池塘水一旦受污染，水中的大量有害微生物和内毒素也将影响鹅健康。实验也表明鹅只饮用了含有较多有害革兰氏阴性菌的池塘水后将直接导致血浆内毒素上升，种鹅繁殖性能下降，种蛋死胚率上升。

单位水面的载鹅密度上升会增加向水体的粪便排泄量。源于粪便的大量有害肠道细菌在夏季温暖的水体中不断利用粪便中的氮、磷等营养物质生长，细菌死亡后又会分解出大量内毒素。细菌内毒素被鹅摄入体内后，将严重影响鹅的生理活动，降低免疫力和生产性能，更为严重时，有害菌会在种鹅于水面交配时直接通过生殖道感染，轻者降低繁殖性能，重者引起生殖道的感染和疾病暴发，造成种鹅死亡。

另外，鹅通过饮水摄入革兰氏阴性菌在肠道分解后会释放出内毒素，同时通过饮水鹅也会大量摄入细菌在水中死亡裂解后释放出的内毒素。种鹅长期饲养在这样的环境中，种蛋质量低下，受精率只有 60% 左右，孵化率 70% 左右。严重时往往容易造成大肠杆菌、沙门氏菌混合感染，卵巢感染时会发生"蛋子瘟"，也会造成种鹅的死亡。

## （三）污染水体对雏鹅生产性能的影响

种鹅饲养水体的污染对种鹅所产种蛋质量和孵化雏鹅的活力有一定的影响。来自水体污染较为严重地区及繁殖性能较低的种鹅，其雏鹅生长性能较差，生长缓慢，尤其是在饲养前期，来自较差饲养环境的雏鹅体重显著低于来自较好环境的雏鹅，即使体重在生长的中后期有所上升，但最终还是无法赶上原本来自较好环境的鹅群。来自饲养环境差（水体污染严重）的种蛋受精率低、孵化率低，孵化出来的雏鹅大量出现腹部收缩不足、健康条件差，其体质先天条件差。这些雏鹅在肉鹅生产中饲料报酬低、存活率低、个体间差异大、弱小鹅只多。在实际生产过程中弱小鹅只会被淘汰，即使饲养到出栏时间也无法按正常价格出售，给肉鹅养殖户带来经济损失。

## （四）通过饲养管理降低养鹅水体污染

（1）保证种鹅洗浴水体的密度和深度。一般要求每平方米水体养鹅 0.5~1 只，水深要求 0.5~0.8 米；勤换塘水，最好有清洁长流水引入养鹅池塘，排走细菌和内毒素污染水。如果不能达到要求，最少要保证每半个月换水 1 次，特别是在炎热天气。

（2）训练鹅只饮用单独的清洁饮水。在陆地运动场上设置饮水槽，每天早晨让鹅只先在运动场上饮水后再放进水面活动场，使鹅只尽量少饮池塘水。

（3）定期对池塘消毒，保证每 10~15 天对养殖水体消毒 1 次，通常用漂白粉；每年在非生产季节干塘，用石灰和太阳紫外线消毒。

## （五）通过科学配制日粮减少水体污染

（1）减少氮排泄的营养调控措施。粪氮是污染水体的元素之一。氮过多排出的主要原因是蛋白质在体内利用率低，而氨基酸不平衡则是蛋白质利用率低的主要原因。依据"理想蛋白模式"配制日粮，可以利用必需氨基酸作为氨基酸利用的指标来配制氨基酸平衡日粮，既可以节约蛋白质饲料原料，又可以减少氮对环境的污染。日粮必需氨基酸占总氮比例为 45%~50% 时氮的利用率最高。实践证明，在家禽日粮中使用氨基酸模型，可以有效提高蛋白质在体内的存留率。减少氮排出量的最有效办法是在满足有效氨基酸的基础上，适当降低日粮粗蛋白质水平。

（2）减少磷排泄的营养调控措施。植酸酶的主要功能就是水解植酸磷释放出磷，增加有效磷的含量。日粮中添加植酸酶能够提高磷的利用率，从而部分替代磷酸氢钙和骨粉的添加量而满足动物对磷的需要，又能使磷的排出量降低 24%~50%。另外，日粮中添加维生素 D 的同分异构体可以降低粪便中磷的排泄。维生素 D 的同分异构体通过增强小肠中植酸酶的活性或与植酸酶协同作用来提高磷的利用率。

## （六）水体污染的微生物制剂净化措施

微生物制剂能明显降低肠道中大肠杆菌、沙门氏菌等有害微生物的数量。从而减少氨及其他腐败物质的过多产生，另外，有益微生物能利用水环境中过多的有机物合成菌体物质，从而降低环境中氨氮、亚硝酸氮、硫化氢等有害物质含量，净化养殖水环境。净化水体常用的微生物制剂主要有以下几种。

## 1. 光合细菌

光合细菌是广泛分布于水田、河川、海洋和土壤中的一种微生物类群。光合细菌为革兰氏阴性细菌，可以在有光无氧的条件下生长、繁殖，也可在无光有氧的条件下生长。有光时菌体能利用光能，以硫化氢或有机物作为氢供体，以二氧化碳或有机物作为碳源而生长发育。当环境是有氧无光时，菌体则可以通过有氧呼吸，使有机物氧化，从中获取能量。研究证明，光合细菌能极大地净化养殖水质。中国、日本、东南亚各国的养虾池和养鱼池均已普遍投放光合细菌以改善水质。

## 2. 芽孢杆菌复合菌剂

芽孢杆菌是一种能形成芽孢的杆菌或球菌，其具有稳定性好、抗性强、代谢快、繁殖快等特点，对高温、紫外线、射线、辐射、干燥、酸碱、有机溶剂、氧化剂及有毒化学物质等均有较强的抵抗力，是一种常用的微生态制剂，目前广泛用于水产养殖业中水质的改善。

## 3.EM 菌

EM 菌是采用适当的比例和独特的发酵工艺将筛选出来的有益微生物混合培养，形成复合的微生物群落，并形成有益物质及其分泌物质，通过共生增殖关系组成了复杂而又相对稳定的微生态系统。EM 菌由光合细菌、乳酸菌、酵母菌等 5 科 10 属 80 余种有益菌种复合培养而成，其具有结构复杂，性能稳定，功能广泛，使用方便，价格便宜，促进动、植物生长，增强抗病能力，改善生态环境，提高成活率等优点。在我国，EM菌已广泛用于改善养殖水质。

### 4. 硝化细菌

硝化细菌是古老的细菌群之一，其分布广泛，土壤、淡水、海水及污水处理系统中都有存在。硝化细菌是一类不需要有机物就能生存及繁衍的细菌，首先，亚硝化菌属细菌把水中的氨（$NH_3$）氧化成为亚硝酸离子（$NO^{-2}$），并从中获得生存所需要的能量，再从二氧化碳或碳酸氢根离子制造自身所需的有机物。然后，水中的硝化杆菌属细菌把水中的$NO^{-2}$氧化成为$NO^{-3}$，亚硝化菌属细菌和硝化杆菌属细菌通过接力的方式，把水中的有毒氨（$NH_3$）最终氧化成硝酸离子（$NO^{-3}$）。因此，硝化细菌经常被用于处理污水，以降低水中氨氮、亚硝氮的含量。

### 5. 噬菌蛭弧菌

噬菌蛭弧菌是一类专门以捕食细菌为生的寄生性细菌，它具有寄生于细菌和裂解细菌的生物学特性。国内外许多实验室对这类细菌相继开展了研究，并在利用蛭弧菌处理池塘水体取得了较好的效果。

## （七）使用微生物制剂的注意事项

### 1. 使用时间

大多数微生物制剂在温度为20~30℃时有比较好的活性，所以应选择晴天的上午使用，此时温度最为合适，活菌的繁殖速度快。

## 2. 使用方法

液体产品对池水全池均匀泼洒，固体产品最好使用活化剂活化，如无活化剂，可用红糖等糖类物质代替进行激活，这样能够加速有益菌的复苏和繁殖，提高使用效果。

## 3. 使用禁忌

不能和抗生素、消毒药共同使用，因为此类药物能杀死微生物，使其作用消失，一般使用抗生素、消毒药至少2天以后才能使用微生物制剂；当养殖鱼类有纤毛虫病或水中有大量轮虫时，一般不要使用微生物制剂，因为活菌是它们的好饵料，使用后会加重病情甚至造成转水，引起事故发生。

## 4. 使用最适 pH

每种细菌都有最佳 pH 范围，pH 波动过大会影响微生物制剂的使用效果。亚硝酸细菌和硝酸细菌的最适 pH 不同，但它们都能在微碱性环境中良好地生长，对 pH 的变化反应明显。

## 5. 注意增氧

水体溶解氧的高低会直接影响好氧菌生长速率和氧化分解污染物的效率。大多有益菌为耗氧菌（芽孢杆菌、硝化细菌等），所以在使用的时候要注意开增氧机进行增氧，或泼洒增氧剂，以提高使用效果。

肉鹅高效健康养殖实用技术

# 参 考 文 献

曾凡同，1997. 养鹅全书［M］. 成都：四川科学技术出版社.

施振旦，孙爱东，梁少冬，2005. 鹅繁殖对季节的调控技术对产业化的推动［J］. 中国家禽，27（8）：13.

常斌，王润莲，庞华琦，等，2008. 肉鹅营养需要研究进展［J］. 饲料工业，29（13）：26-27.

陈国胜，梁勇，杨冬辉，等，2010. 复合添加剂预混料对马冈鹅繁殖性能的影响［J］. 养禽与禽病防治，9：8-9.

陈国胜，梁勇，杨冬辉，等，2011. 日粮中代谢能和粗蛋白水平对马冈鹅繁殖性能的影响［J］. 安徽农业科学，39（14）：8646-8647.

呙于明，丁角立，吴建设，等，1997. 家禽营养与饲料［M］. 北京：中国农业大学出版社.

王和民，叶浴浚，1990. 配合饲料配制技术［M］. 北京：农业出版社.

何大乾，卢永红，孙国荣，等，2005. 鹅高效生产技术手册［M］. 上海：上海科学技术出版社.

施振旦，孙爱东，2011. 鹅繁殖对季节的调控和配套技术［J］. 中国家禽，33（18）：40-42.

朱慧娟，凌发妹，2007. 浙东白鹅繁殖性能观察［J］. 中国家禽，29（22）：49-59.

何仁春，杨家晃，卢玉发，等，2008. 不同日粮类型对鹅不同饲养效果的研究［J］. 饲料工业，29（3）：23-26.

谢明发，刘林秀，谢金防，等，2006. 不同营养水平对兴国灰鹅繁殖性能的影响［J］. 江西农业学报，18（6）：135-136.

常斌，王润莲，庞华琦，等，2008. 肉鹅营养需要研究进展［J］. 饲料工业，29（13）：26-28.

李焕江，2003. 我国鹅营养研究的现状及展望［J］. 畜禽业，10：10-11.

陈国胜，布登付，杨冬辉，等，2016. 种鹅平衡饲料对马冈鹅繁殖性能的影响［J］. 中国家禽，38（1）：53-55.

刘伟，2008. 鹅的饲料配制技术与原料选择要点［J］. 广东饲料，17（6）：34-37.

许月英，夏伦志，吴东，等，2005. 不同饲料营养添加剂对种鹅繁殖性能的影响［J］. 中国草食动物，25（3）：22-23.

袁绍有，左瑞华，绕兴彬，2007. 日粮能量水平对皖西白鹅种鹅产蛋量的影响［J］. 养殖与饲料，5：50-51.